반려동물 물리치료와 재활치료

Veterinary Physiotherapy and Rehabilitation

Veterinary Physiotherapy and Rehabilitation

by **Gemma del Pueyo Montesinos**, ISBN: 978-84-92569-80-9

This edition of **VETERINARY PHYSIOTHERAPY AND REHABILITATION**

published by arrangement with **GRUPO ASÍS BIOMEDIA, S.L.**

주의

수의학은 약리학 및 다른 과학들과 마찬가지로 끊임없이 진화하고 있습니다. 그러므로 복용량, 관리법, 치료 기간, 각 반려견들에게 주어진 치료법에 대한 모든 모순에 대한 결정과 확인은 수의사의 임상 경험을 바탕으로 수의사의 책임이 될 수 밖에 없습니다. 출판사와 저자는 이 책에 담겨있는 내용의 정확 또는 부정확한 사용으로 인하여 발생하는 인간, 동물, 재산의 피해에 대한 책임이 없습니다.

반려동물 물리치료와 재활치료

2020년 1월 6일 초판인쇄
2020년 1월 16일 초판발행

지 은 이 : Gemma del Pueyo Montesinos
옮 긴 이 : 영문출판사 편집부
발 행 인 : 박 병 조
발 행 처 : 도서출판 영문출판사
등 록 : 1987년 12월 21일 제2-419호
주 소 : 서울시 강남구 삼성동 69-1
전 화 : (02) 514-5590, 776-5590
팩 스 : (02) 756-8943
E-mail : yeongmunsa@empal.com
홈페이지 : www.ymsbook.net
정 가 : 25,000원
ISBN 978-89-7224-464-6 93510

※ 파본은 교환해 드립니다.

반려동물 물리치료와 재활치료

Veterinary Physiotherapy and Rehabilitation

Gemma del Pueyo Montesinos

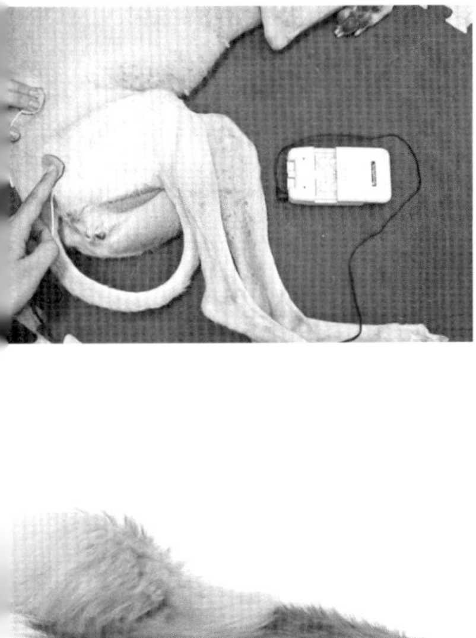

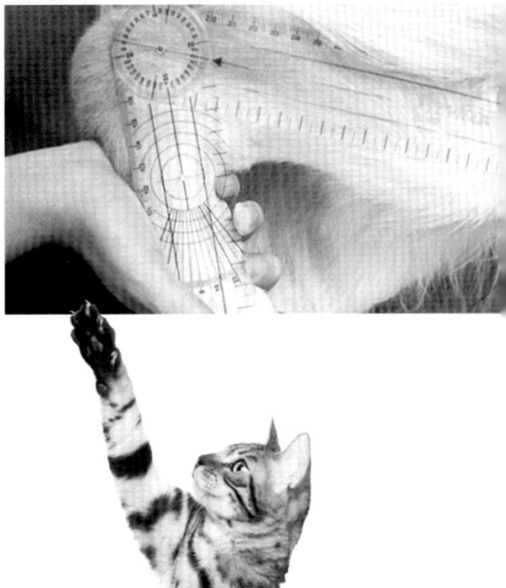

영 문 출 판 사

SERVET

감사의 글
Acknowledgements

이 책의 저술은 내가 깊은 감사를 느끼는 많은 사람들의 지원과 귀중한 도움이 없었다면 불가능했을 것입니다.

먼저, 남편인 David에게 뒤에서의 그의 도움과 수년간의 무한한 인내와 지원에 대해 감사를 표합니다. 나의 부재를 불평없이 견뎌주고 매일 특별한 하루를 선사해준 내 딸 Rocío, María, Carmen에게 감사를 표합니다.

기능적 재활치료라는 흥미로운 세계로 저를 인도하고, 그들의 지식과 경험을 나누어주었으며, 제가 경력을 쌓게 도와준 Dr. Pedro Rivera와 Dr. Cynthia Maro에게도 감사를 표합니다.

Los Madrazo 재활치료 센터에서 그들의 일과 매일의 노력에 헌신적인 나의 팀에게도 감사합니다; 그것들은 이 책의 중요한 부분이 되었습니다.

7년 전 이 분야가 어디로 이어질지 모르는 상태에서 신뢰를 보여준 저의 파트너들 José Ramón와 Miguel Ángel y Hernán에게 감사를 표합니다.

내가 있게끔 해준 내 모든 가족들에게 감사를 표합니다.

이 프로젝트가 진행되는 처음부터 끝까지 열정과 인내를 보여준 Ana와 Tatiana에게 감사합니다.

나의 능력을 계속해서 배우고 발전시킬 수 있는 기회를 준 나의 반려견들, 과거와 현재 그리고 나의 학생들에게 감사를 잊을 수 없고 잊을 수도 없습니다.

마지막으로, 재활치료의사였던 돌아가신 삼촌 Miguel Ángel에게 그의 영감, 조언, 지도에 감사하며, 이 책을 헌정합니다.

저자 소개
The author

Gemma del Pueyo Montesinos

마드리드 콤플루텐세 대학교(the Complutense University of Madrid)에서 수의사 자격 취득. 2002년, 대체 의학, 카이로프랙틱, 재활치료를 전문으로 하는 진료협력센터(referral center)인 미국 펜실베니아(Pennsylvania)주에 위치한 엘우드 동물 병원(the Ellwood Animal Hosp-ital)에서 인턴을 시작했다. 그곳에서 머무는 동안, 그녀는 위스콘신에 위치한 Healing Oasis Wellness Center에서 동물 재활치료와 마사지 전공의 과정을 거쳤고 국가 인증 학교에서 자격증을 무사히 취득하였다. 2004년, 그녀가 현재 매니저로 있는 동물 재활치료/물리치료 센터를 설립한 Los Madrazo 동물 병원의 일원이 되었다.

그녀는 룩셈부르크 대학교 과학부에 딸린 ESAVS(European School for Advanced Veterinary Studies; 유럽 고등 수의학 연구학교)에서 반려동물 재활치료와 물리치료 학위를 취득했다.

그녀는 수의사와 수의간호사 모두를 대상으로 마드리드의 FORVET 학교에서 재활치료 과정을 강의하고 있으며, 마드리드 콤플루텐세 대학교(the Complutense University of Madrid) 수의학과에서 동물 외상학(Veterinary Traumatology) 석사(MSc) 과정을 가르치며 많은 전공 강의를 하고 있다. 그녀는 재활치료와 물리치료에 대해 많은 출판물의 저자이고 다수의 국내외 회의에서 연사로 활동했다.

추천사
Foreword

저자는 반려견과 반려묘의 물리치료 및 재활치료에 대해 이 책을 통해 그녀가 매진했던 전공 분야의 선두주자라는 것을 분명하게 입증했습니다. 수년 동안 우리는 수의학계와 수의간호학계의 지식에 있어서의 큰 격차를 채우는 이러한 책을 기다렸습니다. 이 책은 21세기의 정보들을 명확하게 담고 있으며, 구식 치료법과 잘못된 정보를 제거하면서 현대적인 방식으로 반려견을 치료하는 방법을 보여줍니다.

Gemma del Pueyo는 이 책을 여러 장(Chapter)으로 나눠서 일상 진료에서 보이는 사례들에 대한 실용적이고 임상 관련 정보들을 담았습니다. 책의 내용은 이 치료법을 정확하게 이해하고 시행하는데 필요한 정보들을 간결하고 체계적인 방법으로 표현하고 있습니다. 이 책은 물리치료와 재활치료의 상세 설명에 대한 개요로 시작해서 염증과 운동 물리치료에 대한 설명, 반려견의 기능 평가(functional assessment), 능동/수동 치료법에 대한 설명으로 나아갑니다. 이 모든 내용들은 빠르고 쉬운 참조를 위해 명확하고 실용적인 방식으로 서술 및 설명되어 있습니다. 우리 업계의 수준을 높임으로써, Gemma del Pueyo는 우리 모두를 고무시킵니다.

더이상의 말이 필요없이, 읽고 공유하세요!

Pedro Luis Rivera DVM FACFN
the American College 기능성 신경학과 전문의
the Healing Oasis Wellness Center 프로그램 관리자
스터티번트(Sturtevant), 위스콘신, 미국

머리말
Preface

동물 재활치료에 대한 전문적인 관심을 가진지 9년이 지난 후, 이 분야에 대한 중요성이 대두되는 것을 보았고 동료와 일반 대중으로부터 더 많은 정보에 대한 요구가 증가됨을 목격했다.

수의사로서 우리의 목표는 항상 우리 반려견에게 삶의 질을 향상시키는 것입니다. 이러한 점에서, 우리는 가장 적절한 치료법을 찾기 위해 열린 사고를 가지고 반려견을 전체적으로 보아야 합니다. 수의학은 발전하고 있으며 우리는 머물러 있을 수 없습니다.

1장, 2장, 4장은 재활치료 프로그램을 올바르게 설계하는데 필요한 몇 가지 기본 지식들을 요약하고 있습니다. 여기에는 해부학이나 기능성 신경학과 같은 기초 과목들과 이 책의 대부분을 차지하고 있는 재활치료의 시작에 필수적인 도구들은 포함하고 있지 않습니다.

제3장 기능 평가(functional assessment)에서는 반려견의 진찰은 포괄적이어야 하고 단순한 파행(lameness)진단에 국한되지 않아야 된다고 설명하려 노력했습니다. 우리는 반려묘와 반려견이 근골격계와 신경계의 균형을 되찾는 것을 도와줄 수 있도록 진찰은 한계와 불균형을 망라해야 합니다.

치료법에 대한 부분들에서는 독자들에게 가능한 다른 물리치료법을 소개합니다. 많은 방법들을 제외했음을 알고 있고, 이들에 대해서는 다음 판에 포함될 것입니다.

물리적 재활치료에는 무조건적으로 따라야 할 처방이라는 것이 전혀 없고 모든 반려견은 별개로 각 반려견의 특성에 따라 치료받아야 하지만, 초보자들이 절망에 빠지지 않고 여러가지 조건의 치료법에 대한 짧은 안내를 의지할 수 있도록 11장을 저술했습니다.

치료 계획은 절대적인 것이 아니고, 우리 반려견들의 기능을 회복할 수 있는 여러 방법들 중 하나일 뿐입니다. 마지막 장에는 재활치료 센터에서 가장 중요한 질병 중 하나인 뼈관절염에 대한 대부분의 정보들이 서술되어 있습니다. 여기에는 해당 질병에 대한 다양한 관리를 다루고 있으며, 이 잠행성 상태를 충분히 준비할 수 있는 유일한 방법입니다.

이 책 속 대부분의 지식들은 임상 경험을 바탕으로 합니다; 이 책은 동물 재활치료이나 물리치료에 대한 학술 교재나 이론적 논문이 아니라, 기능적 재활치료 분야로 수의사들을 자극하고 방향을 잡아주는 실습 지침서를 목표로 합니다. 이 책은 동물 재활치료에 대한 국내외의 현존하는 많은 강의들을 대체하기 위한 책이 아닙니다.

따라서, 본 저자는 독자들에게 학술 문헌을 참고하고 전공에 대한 완전한 이해를 도울 수 있는 교육 과정을 찾을 것을 권장합니다.

Gemma del Pueyo Montesinos

차례
TABLE OF CONTENTS

01

개요
Introduction

수의학은 진화하고 우리는 전문가로서 변화에 적응해야 한다. 보호자들은 점점 더 많은 정보를 알게되고 수의학 서비스에 대해 높은 기대를 가집니다. 애완동물은 가족의 일부이고 수의사로서 우리는 확장된 가족의 일부분이 되어야 한다.

반려견들은 더 오래 살며(더 좋은 음식, 더 좋은 건강 관리 등) 이것은 치료에 대한 새로운 접근법을 필요로 한다(**그림 1**). 따라서, 새로운 장애와 그 결과가 서술되고 새로운 치료법이 항상 제공되어야 한다.

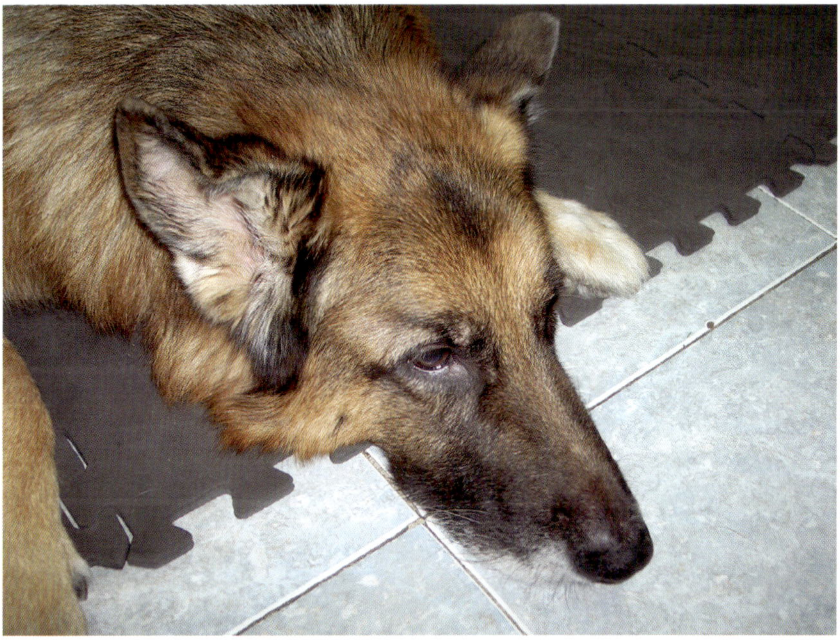

그림 1. 노령 반려견에게는 치료에 대한 새로운 접근법이 필요하다.

정의

- **동물 재활치료**는 병변의 해소와 동물의 재활치료를 위해 동물 카이로프랙틱을 제외한 비외과적인 기법을 사용하여 진단, 예후, 치료를 결정하기 위한 정신적 장애, 기능 제한, 신체적 장애 등 다른 건강 관련 문제를 갖고 있는 반려견에 대한 검사와 평가를 포함한다.
- **물리치료**는 "물리치료(physical treatment)의 기법과 과학, 즉 물리적 처치를 통해 장애(disorder)를 치료하고 예방하며, 물리치료를 받을 수 있는 반려견을 재활치료하고 호전시키는데 도움이 되는 일련의 기법들"을 뜻한다. 이것은 기능적 장애(functional disorder)와 기능 제한(functional limit), 신체적 장애(disability)와 또는 다른 건강 관련 문제를 갖고 있는 반려견과 관련이 있다.
- **마사지**(마사지 치료)는 치료사가 물렁조직을 조정하기 위해 손과 몸만을 이용하는 치료 기법을 뜻한다. 재활치료에서는 각기 다른 목적에 따라 수많은 마사지 기법이 있다.

어떤 반려견들이 치료받을 수 있는가?
Which patients can be treated?

가장 적합한 기법을 선택하기 위해 반려견 각각의 상태가 고려되야 하지만, 이론적으로, 종(species), 품종, 성별, 나이에 상관없이 어떤 반려견이든; 건강 상태 또한, 건강한 반려견이든 다친 반려견이든, 물리치료 또는 마사지로 치료를 받을 수 있다.

노령 반려견들은 대부분 재활치료 계획을 수립하는 것과 그 결과에 큰 영향을 주는 동시 질환들(concurrent diseases)이 생길 수 있으므로, 그것들의 건강 상태를 고려한 물리치료 기법들을 이용한다.

이론적으로는 어떤 종이든 재활치료를 받을 수 있지만, 실제로는 말과 반려견은 물리치료와 마사지(그림 2)에 가장 큰 효과를 보인다. 반려묘는 반려견 각각의 특성과 행동에 효과가 크게 다르다.

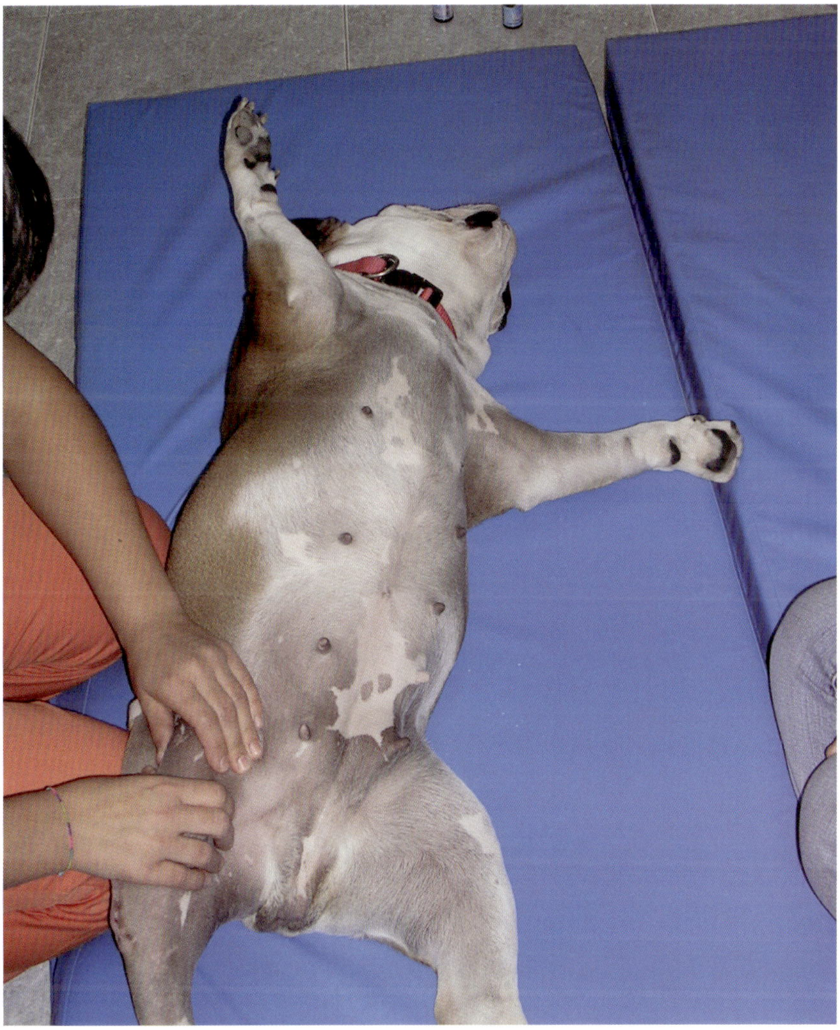

그림 2. 반려견은 대부분 재활치료에 적극적으로 참여된다.

목표와 작업 방법
Objectives and working methods

재활치료, 물리치료, 동물 마사지는 근골격계 손상, 신경 질환(nervous disorder), 장기(organ)의 질환(예: 심장 재활), 상처와 흉터(유착 감소)를 예방 또는 치료할 수 있고, 심지어 호흡곤란과 변비 같은 특성 임상 증상을 완화시킨다(**그림 3, 그림 4**).

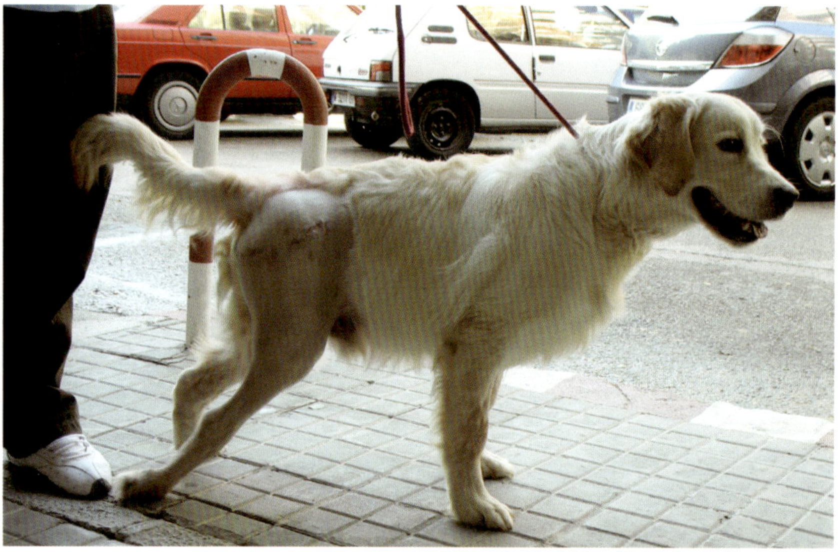

그림 3. 3중 골반 골절술(triple pelvic osteotomy) 후 궁둥신경(sciatic nerve)의 마비로 인해 재활치료를 받는 골든 리트리버.

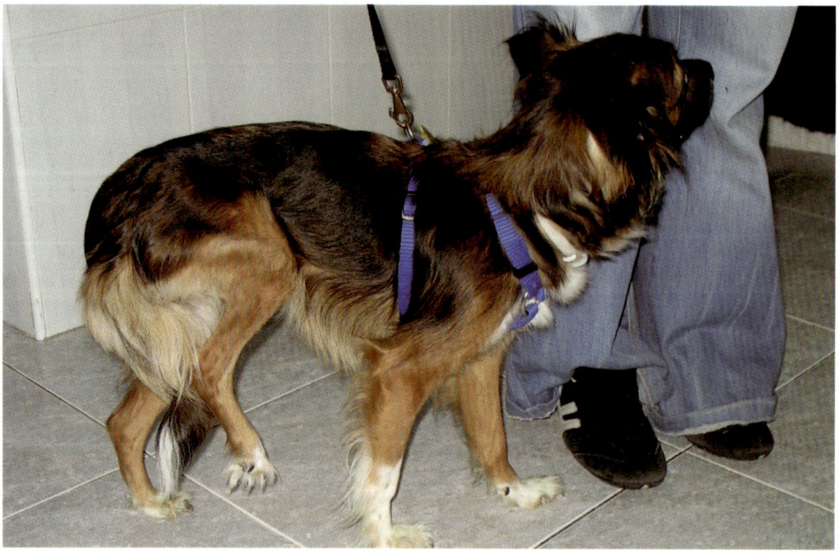

그림 4. 뒷무릎관절 수술(stifle surgery) 후 장기간동안(1달 이상) 뒷다리의 체중을 지지하지 않았던 잡종견.

몇 가지 동물 재활치료의 목표들이 다음의 상자에 제시되어 있다:

재활치료의 목표

- 통증과 염증 감소
- 보행 재활치료: 고유감각(proprioception), 협동능력(coordination), 균형감각(balance).
- 관절 운동 범위의 회복
- 회복 속도의 향상
- 흉터 조직의 재형성
- 위축증(atrophy) 둔화
- 근력 강화와 근지구력 향상
- 근연축 감소
- 심폐지구력 향상
- 일상 생활에서의 향상된 기능(function)과 독립성(independence)

주요 목표는 반려견이 가능한 최고의 건강을 유지하게 하는 것이고, 병변과 그 후유증의 경우 가능한 빨리 기능을 회복시키는 것이다. “움직이지 않는 것은 손실된다”를 기억하라.

수술기주위(perioperative) 및 수술 후(postoperative) 통증 관리와 빠른 재활치료는 치유 시간을 감소시키고 일상 생활으로의 복귀를 앞당긴다는 것이 증명되었다.

재활치료를 시작하기 위해서는 수술 후 진통제를 사용한 진통 관리가 필요하다. 통증 반려견은 재활치료를 꺼려할 것이며 접촉을 싫어한다는 것을 잊어서는 안된다.

수술 직후 치료는 수동적 기법(냉찜질, 전기 자극 치료법, 수동 운동 치료법)으로 시작하고 회복 속도에 따라 점차적으로 능동적 기법으로 옮겨갈 수 있다(그림 5).

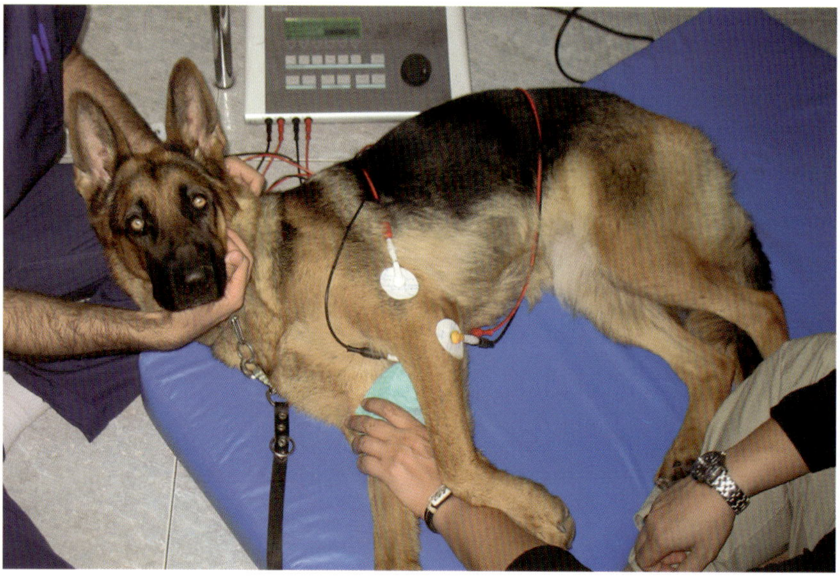

그림 5. 진통 효과를 위한 전기 자극 치료법.

치료사는 다음과 같은 수의학의 특정 기본 개념에 대해 충분한 지식을 보유해야 한다:

- 해부학
- 생체 역학과 운동 생리학
- 병변과 염증에 대한 병태생리학
- 불용(disuse)과 이후의 가동술(mobilization)에 대한 근골격계 조직의 반응
- 다양한 조직들의 치유와 기능 회복
- 기능성 신경학

치료사가 수의사일 경우 진단을 내리고, 목표를 설정하고, 치료 계획을 수립하고, 예후를 낼 수 있을 것이다. 치료사가 수의 간호사(veterinary nurse)/수의 테크니션(veterinary technician)이거나 공인 물리치료사(qualified human physiotherapist)인 경우, 항상 해당 사례에 대해 책임을 질 수 있는 수의사가 감독하는 경우에만 치료 기법을 적용해야 한다.

치료 기법과 치료 양식
Therapeutic techniques and modalities

재활치료의 기법에는 2가지가 있다: 수동(passive)과 능동(active).

- 수동 치료법(치료사에 의한 수행)에는 온찜질/냉찜질, 수동 운동요법(관절 운동), 스트레칭, 마사지, 전기 자극, 초음파 치료, 맥동단파치료(pulsed shortwave therapy), 레이저 치료, 전자기장 치료, 수 치료법이 있다 (그림 6).
- 능동 치료법(안내에 따라 반려견 스스로에 의한 수행)에는 능동 운동요법과 회복 및 근력, 지구력, 운동 범위, 고유감각, 협동능력, 균형감각의 향상을 목표로 한 운동들이 있다 **(그림 7)**.

수동 치료법

- 온찜질 또는 냉찜질
- 수동 운동요법
- 스트레칭과 견인(traction)
- 마사지
- 전기 자극
- 초음파 치료
- 단파 치료
- 레이저 치료
- 자기요법(Magnotherapy)

능동 치료법

- 능동 보조 운동요법
- 능동 저항 운동요법
- 능동 운동요법
- 수 치료법

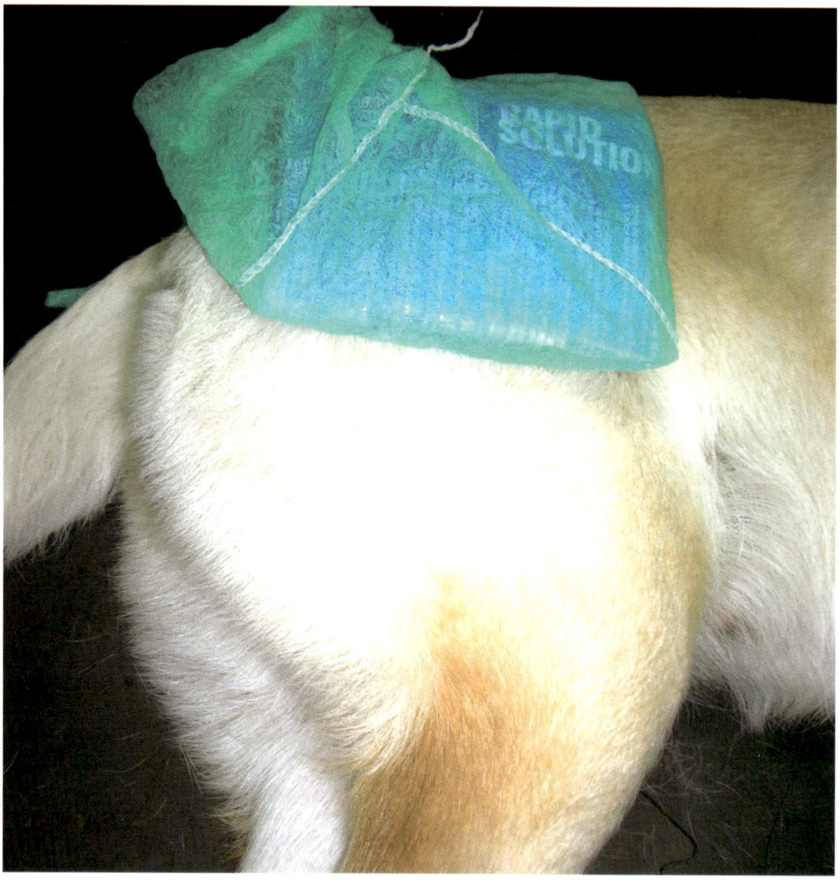

그림 6. 엉덩이 부분의 냉찜질.

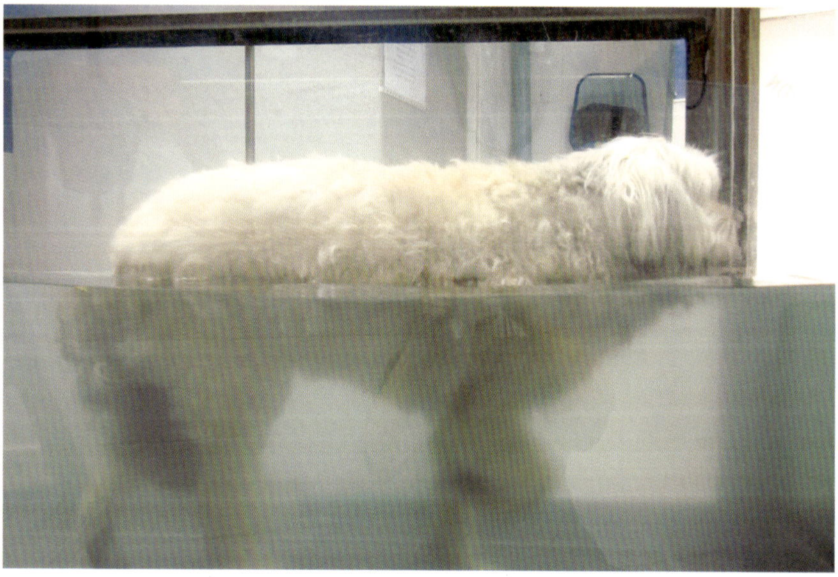

그림 7. 운동요법: 수 치료법.

02

염증에 대한 생리학

Physiology of inflammation

재활치료 분야에서 일하는 사람들에게 조직 손상과 복구에 대한 모든 측면에 대한 상세한 지식은 필수적이다. 이것은 어떤 치료를 사용해야 하는지 그리고 회복기의 어떤 시점에 있는지를 결정하는데 핵심적인 역할을 한다. 결과적으로, 염증에 대한 생리학의 공부, 다양한 조직들의 회복 과정, 불용과 고정 시 이 조직들의 반응은 해부학과 기능성 신경학에 이어 이 전공에 대한 핵심 중 하나이다.

이 장은 염증 또는 조직 회복에 대한 이론적 논문이 아니다; 이 장은 반려견의 기능 회복에 대한 요점을 요약하고 있다.

염증의 단계

Stages of inflammation

염증은 추가적인 손상이나 감염을 예방하기 위해 동물에게 발생하는 유익한 생리적 과정이다. 이것은 그 과정이 만성화가 시작되거나 되었을 때 또는 염증이 여러 번 부적절하게 발생할 때 문제가 된다. 동물의 부상 또는 염증을 유발하는 데에는 외상, 감염, 화학적 손상(예: 주사제), 스트레스, 피로, 과로와 같은 여러가지 요인들이 있다.

동물이 부상을 입으면, 연쇄반응(**그림 1**)이 시작되고, 이것은 세 단계로 나눌 수 있다: 급성 염증(acute inflammation), 증식(proliferation) 또는 복구(repair), 재형성(remodeling).

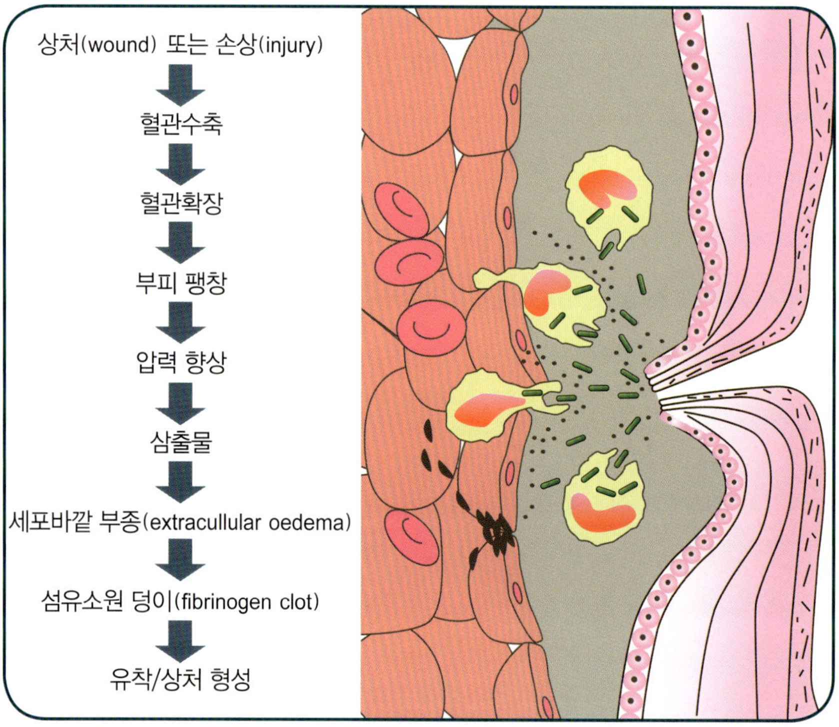

그림 1. 염증 연쇄반응

1단계: 급성 염증 acute inflammation

조직 손상은 처음에 노르아드레날린의 분비를 통해 수초간의 **혈관수축**을 유발한다. 그 직후 혈관이 확장된다; **충혈**(hyperaemia) 또는 **능동 울혈**(active congestion)이라 알려진 이 현상은 일반적인 반려견인 경우 24시간~48시간동안 지속되고 몇몇 저자들은 반려견의 건강 상태와 면역 상태에 따라 최대 72시간까지를 정상이라 여긴다. 혈관확장을 통해 그 영향 부위와 모세혈관의 압력이 상승할 수 있게끔 혈액량의 증가가 가능하다. 이것은 세포바깥 공간(extracellular space)으로 향하는 체액과 화학적 전달자(messenger)의 부족을 야기한다: 히스타민(가장 중요), 브라디키닌, 세로토닌, 프로스타글란딘. 이러한 전달자들은 결과적으로 혈관의 투과성을 증가시키고, 조직 내 혈액량을 증가시키며 모세혈관 압력을 더욱 상승시킨다.

이로 인해 훨씬 더 많은 체액과 혈장 성분들이 모세혈관에서 세포바깥 공간으로 새어나간다. 이 중에서 가장 중요한 단백질은 섬유소원으로, 더 많은 체액을 끌어당기고 세포바깥 부종을 유발한다. 섬유소 덩이(fibrin clot)는 섬유소원이 세포바깥액(extracellular liquid)과 림프에 접촉한 후 형성되기 시작한다. 이러한 과정을 **수동 울혈**(passive congestion)이라 한다.

이와 동시에, 염증이 생기자마자 백혈구는 해당 위치로 이동한다. 큰 포식세포(macrophage)들은 방어의 제1열로 첫번째로 도착하고, 중성구(neutrophil)들이 방어의 제2열로 뒤따르며, 단핵구(monocyte)가 방어의 제3열로 가장 마지막에 도착한다. 이러한 세포들은 미생물들과 세포 부스러기들을 제거한다. 이들의 유익한 영향들에도 불구하고 병변에 있어서 그들의 존재는 조직의 신경 종말(nerve ending)에서 자극(irritation)을 생성하여 통증을 유발한다. 한편, 이들은 혈류를 증가시켜 상처 치유를 촉발하고 괴사를 방지한다.

이 모든 반응들은 항상 염증을 수반하는 여러가지 조직 내 특징적인 징후들을 만든다:

- 종양(종창)
- 발적
- 발열
- 통증
- 기능 상실

존재하고 있는 통증은 신경 종말에 자극을 주는 또는 해당 영역의 압력 증가를 유발하는 독성 화합물들로 인한 것이다. 통증과 종창은 같이 기능 상실로 이어진다.

이 첫번째 단계에서, 병변이 발생하자마자 물리치료가 이뤄져야 한다: 냉찜질은 혈관확장 관리에 있어서 중요한 도움이 될 수 있다(예: 수술 직후).

처치가 가능한 또다른 중요 임상 징후는 부종(oedema)이다. 물리치료는 가능한 빨리 움직임을 회복시키기 위해 사이질액(interstitial fluid)의 양을 가능한 빠르게 감소하는 것을 목표로 한다.

2단계: 증식 proliferation / 복구 repair

이 단계는 손상(injury)의 중증도와 반려견의 건강상태에 따라, 4일에서 7일정도 걸리며, 심지어 최대 15일까지도 걸린다. 이 단계에서 일어나는 반응들은 다음과 같다:

- 섬유소 덩이 형성
- 큰포식세포에 의한 세포 부스러기 제거
- 흉터 조직 형성(섬유소는 콜라겐으로 대체된다)
- 신생혈관증식(Neovascularisation)

이 두번째 단계동안, 조직들은 가해진 힘에 평행하게, 콜라겐 섬유의 고른 배열을 만들기 위해 움직여져야 한다. 이 방법에서, 보다 약한 콜라겐 유형은 사용되지 않으며, 이 콜라겐은 조직이 스트레스를 받을 때 다른 염증 연쇄반응을 유발한다. 때때로, 조직이 충분히 안정적이지 않다(예: 파열된 힘줄에서). 이 경우, 이후 조직을 움직이기 위해 분리시켜야 하는 유착이 발생할 위험이 있더라도, 조직을 안정화시키기 위해서 충분한 시간동안 고정(immobilization)되어야 한다.

3단계: 재형성 remodeling

이 단계는 연조직(soft tissue)에서 2개월에서 6개월의 시간이 소요될 수 있고, 경조직(hard tissue)에서는 최대 2년이 걸릴 수 있다. 병변을 콜라겐이 치유하는 이 단계를 치유 단계 또는 흉터 조직 형성 단계라 한다. 이 과정은 움직임, 부종, 세포사이공간(intercellular space)의 세포 잔여물들(흡수되지 않음)에 큰 영향을 받는다. 유착은 인접 조직들로 형성되며, 이는 정상적인 움직임을 제한하고 세포바깥 부종의 흡수를 방해한다. 이 조직은 대부분 약하고, 조직이 파열되는 경우, 염증 단계는 처음부터 다시 시작된다(**그림 2**).
이 단계에서, 재발 또는 한층 더 심각한 손상을 방지하기 위해 재활치료가 필수이다.

주의

- 염증반응의 최종 결과는 항상 흉터 조직이다. 이것은 원래의 조직과 같지 않으며, 보다 약하고 더욱 민감하다. 물리치료는 이 조직의 기능을 가능한 한 회복시키는 것을 목표로 한다.
- 흉터 조직이 적을수록, 기능 회복에 대한 예후가 좋다.
- 첫번째 염증반응 단계동안 발열을 유도하는 발열 제품 또는 화학 제품(연고)을 사용하지 말아야 한다. 냉찜질을 하는 동안 저체온 병변(hypothermic lesion)을 유발하지 않는지 확인을 해야되지만, 삼출물의 양과 흉터 조직을 감소시키는 냉찜질이 가장 좋다.
- 환부의 가동술은 기능 회복, 유착 예방, 삼출물 제거, 통증 완화에 가장 중요하다; 그러나 다른 힘줄들을 사용하는데 필요한 안정성을 확보하는데 필요한 동안 조직의 고정은 필수적이다(**그림 3**).

그림 2.
병변의 악순환.

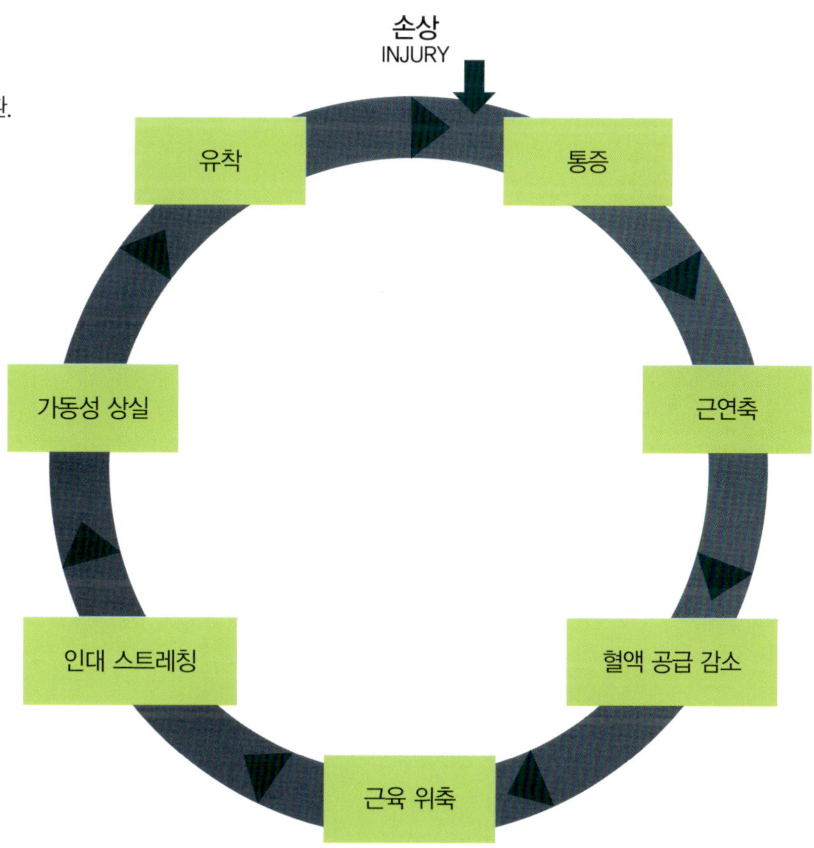

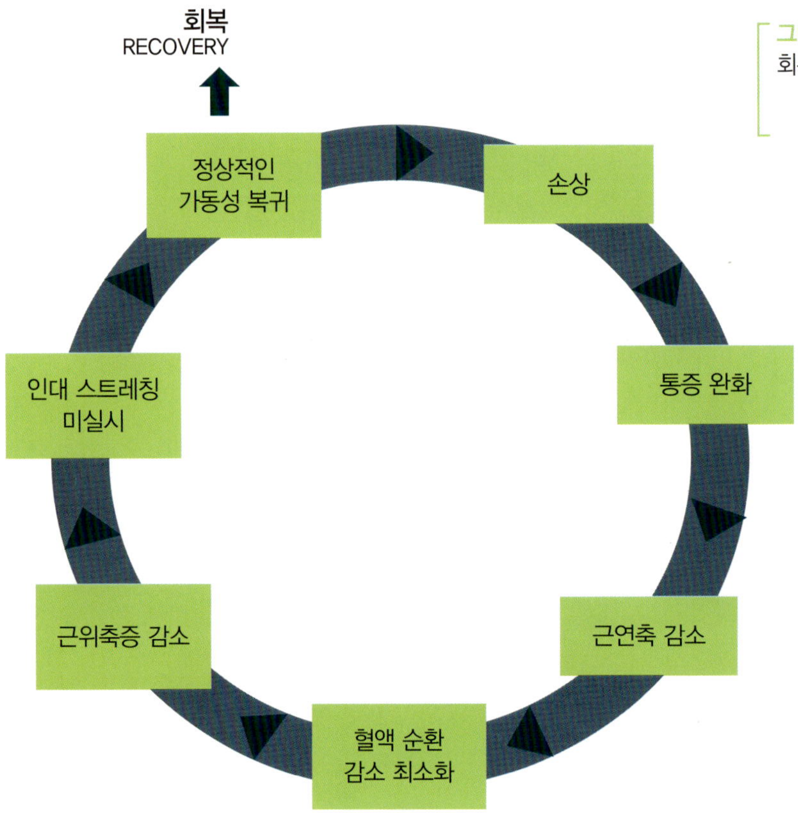

그림 3.
회복 사이클

조직 복구
Tissue repair

병변의 병태생리학과 그들의 치유 과정에 대한 지식은 재활치료의 기본이다. 병변 단계와 회복 단계는 적용할 치료법과 치료의 빈도, 강도, 기간을 결정한다. 환부 조직과 그들을 어떻게 치유시킬지에 대한 이해 또한 중요하다. 예를 들어, 급성 염증 단계에서 휴식과 냉찜질이 처방되어야 한다; 병변이 재형성 단계에 있는 동안(예: 골절), 능동 운동요법, 마사지, 발열 치료가 권장된다.

뼈 Bone

뼈는 동적인 조직으로 영구적인 재형성이 발생한다(파괴/형성).

뼈는 생체역학적 특성들을 100% 회복할 수 있는 유일한 조직이다.

뼈 치유에는 두 가지 유형이 있다: 일차적 뼈 치유, 이차적 뼈 치유.

- **일차적**(primary) 또는 **직접적 뼈 치유**는 골절틈(fracture gap)이 0.5mm 이하일 때 일어난다. 섬유소 조직과 연골 조직의 형성은 발생하지 않는다. 층판뼈(lamellar bone)와 하버스관(haversian canal)의 직접적 재형성이 발생한다. 이 치유 단계는 몇 주 또는 몇 달이 걸린다. 접합 물질들은 가급적 빠른 기능 회복과 체중 지지력 회복을 위한 조기 재활치료에 유용하다.
- **이차적**(secondary) 또는 **간접적 뼈 치유**는 골절틈이 0.5mm 이상일 때 일어난다. 가골(callus)은 골절부위의 불안정성에 따른 크기로 형성된다. 이차적 뼈 치유는 다른 조직들과 동일한 병변 치유 패턴을 따른다: 급성 단계(acute phase)는 24시간에서 72시간이 걸리고, 복구 단계(repair phase)와 재형성 단계(remodeling phase) 또는 숙성 단계(maturation phase)는 몇 달이 걸린다. 복구 단계의 처음 3주동안, 콜라겐이 침착되고, 뼈형성(ossification)을 통해 경골(hard bone)의 가골로 변환될 섬유연골고리 가골(fibrocartilaginous callus)을 형성한다. 재형성 단계에서는 경골이 체중 지지축을 따라 층판뼈로 변환되고 정상적인 혈관신생(vascularization)이 회복된다.

생체 역학적 요인들은 뼈 치유에 영향을 주는 부분 중 하나이다. 어느 정도의 움직임은 치유를 자극하여 도움이 되지만, 새로 형성된 조직의 내구성을 초과하면 치유를 방해한다. 치유의 첫 단계 동안 고정시키는 것은 중요하지만, 가골이 존재하고 혈액 공급이 정상화(4~6주)되기만 하면, 조심스러운 축 운동(axial movement)은 재형성을 자극한다. 이러한 이유로, 고정 이후 4주에서 6주간 골절 부위의 역동화(dynamization)를 권장한다.

내분비 불균형(미네랄 흡수와 침착에 영향을 줄 수 있다), 코르티코스테로이드 투약 및 당뇨병(둘 다 치유를 방해할 수 있다), 반려견의 연령, 골절 그 자체(유형과 위치)와 같은 다른 요인들도 뼈 치유에 영향을 줄 수 있다.

전기 자극, 자기 요법, 레이저, 수중 초음파 치료와 같은 특정한 물리 치료법을 비롯해 뼈 치유를 촉진하기 위한 새로운 트렌드가 등장하고 있다.

체중 지지력의 부족(질병이나 스트레스로 인한)은 겉질뼈(cortical bone)와 벌집뼈(cancellous bone)의 질량 감소를 유발한다; 밀도 및 겉질 내구력의 감소와 벌집뼈의 증가 전환. 이 모든 것들은 뼈의 생체 역학적 속성들의 변화를 유발한다.

고정으로 인한 변화들은 고정의 시간, 반려견의 나이(어릴수록 나쁨), 관련된 뼈의 유형(벌집뼈와 먼쪽 다리일수록 나쁨)에 따라 달라진다.

고정 후 일반적 특성 및 뼈의 역학적 속성들의 회복은 고정의 시간과 유형, 가동술의 유형과 강도, 반려견의 나이(늙을수록 나쁨)에 따라 달라진다.

근육 Muscle

근육은 수축할 수 있는 유일한 조직이고 손상(injury)과 불용(disuse) 또는 고정(immobilization)이 근육에 부정적 영향을 줄 수 있으며, 그 때문에 반려견의 기능성(functionality)을 감소시킨다.

열상(laceration), 타박상(contusion), 파열(tear), 허혈(ischaemia), 염좌(strain)(근힘줄 이음부의)는 근육 병변의 원인들 중 하나이다. 이에는 파열된 섬유들, 손상된 혈액 공급, 결합(지지) 조직들의 변화가 있을 수 있다.

이러한 병변들은 급성 또는 만성일 수 있고 가벼운 파열부터 완전 파열까지 이를 수 있다.

근육 치유는 손상(injury)의 일반적인 패턴을 따른다: 급성 단계(acute phase), 복구 단계(repair phase), 재형성 단계(remodeling phase). 복구 단계는 섬유 재생, 세포바깥 바탕질(extracellular matrix) 분비물, 섬유성 흉터 조직의 형성(병변의 중증도와 파열의 크기에 따르는)이 특징이다. 흉터 조직의 생성은 이것이 재발과 근육의 수축력 감소(최대 50%)를 유발할 수 있어서 문제가 된다.

복구 단계가 끝 또는 재형성 단계의 시작(최선은 치유)까지 가동술을 시작해서는 안된다. 과도한 움직임은 더 심한 손상과 섬유형 조직 형성의 증가를 유발할 수 있다. 적절한 움직임은 힘의 방향과 평행하게 섬유를 정렬한다.

장기간의 고정은 근섬유의 재생에 좋지만 이 섬유들이 제대로 정렬되지 않고 이로 인해 더 낮은 수축 능력을 갖게 된다.

이상적으로는, 고정은 5일동안 유지시켜야 하고, 이어서 4주에서 6주간의 통제된 움직임, 이 후 자율적인 능동 운동이 허용된다.

고정과 사용 부족은 근섬유의 위축(부피 손실)과 이로 인한 근력 손실을 유발한다. 이것은 주로 자세유지근(postural muscle)(Ⅰ형 섬유)과 단일 관절을 덮는 근육들에 영향을 미친다.

또한, 고정을 하는 동안, 경직도를 증가시키는 결합 조직의 양이 증가한다. 고정 기간이 길어질수록, 이러한 변화들이 더욱 나빠진다. 이 변화들은 고정하는 동안의 자세에 따라서도 다르다.

고정으로 인한 대부분의 변화들은 가역적이다(네갈래근 구축과 같은 특정한 사례들을 제외하고), 그렇다 해도 근육의 재활치료 기간은 최소한 고정 기간의 두 배로 대부분 매우 길다.

근력 강화 운동을 계획할 때는, 격렬한 운동이 저충격 운동보다 좋다는 것을 유의해야 한다.

관절 연골 Articular cartilage

관절 및 관절 연골의 기능과 관련된 여러 가지 기억해야 할 점이 있다(아래의 박스 참조).

관절 연골의 중요한 기능적 측면

- 연골은 관절 운동을 위한 부드럽고, 미끌거리는 표면을 제공하고 하중을 그 아래 놓인 뼈에 전이시킨다.
- 연골 내 콜라겐의 가장 바깥층은 관절면의 전단 응력(shear stress)에 대한 저항을 제공한다.
- 프로테오글리칸 응집체들은 연골을 압박력(compressive force)에 저항할 수 있게 하고 콜라겐 섬유 네트워크를 도와주는 역할을 한다.
- 콜라겐과 프로테오글리칸의 배열은 연골밑 뼈(subchondral bone)에 가해지는 힘을 분산시킨다.
- 윤활액(synovial fluid)은 관절을 매끄럽게 하고 관절 연골에 영양을 공급한다.
- 관절의 정수적 윤활(hydrostatic lubrication)은 체중을 지지하는 동안 관절면으로 물을 압출시키는 관절 연골에 대한 하중력을 사용하는 방법이다.
- 관절 하중과 움직임은 또한 연골 세포들에 대한 영양분의 확산을 향상시키고 찌꺼기들을 제거한다.
- 관절 연골은 하중이 서서히 가해질 때 가장 효과적인 활동을 한다.

다음과 같은 수많은 요소들이 관절 연골의 완전성(integrity)을 해친다: 직접적 외상, 비만, 고정, 반복적이고 과도한 연골 하중, 체력(fitness)의 부족 등.

관절 연골은 제한적인 치유 능력을 갖고 있고, 이는 또한 병변의 깊이에 영향을 받는다. 넓고, 얕은 연골 병변은 관절 퇴행을 유발할 수 있다. 전층(full-thickness) 연골 병변은 치유까지 2개월이 소요되고 흉터 조직의 생체 역학적 특성들은 저하된다.

연골 치유를 향상시키는 일부 방법들이 이미 이용가능하지만, 더 많은 연구들이 필요하다.

수술 후 조기 운동 치료는 검증 중인 방법들 중 하나이다. 이것은 장기간의 고정이 관절 연골의 생체 역학적 그리고 생화학적 치유 능력이 변화한다는 사실에 바탕을 두고 있다.

장기간의 고정동안, 관절의 부하 및 움직임 부족은 퇴행성 변화를 유발한다. 프로테오글리칸 함유량은 감소한다(합성 감소와 단백질 분해 증가). 더 적은 양의 연골세포가 존재하게 되고, 연골은 더욱 얇고 뻑뻑해진다. 고정은 또한 윤활액의 생성을 감소시킨다, 이로 인해 연골 영양의 감소도 발생한다(부하의 부족 시 같은 효과를 보인다). 퇴행적 변화는 관절증을 발생시키지만, 고정으로 인한 관절의 변화는 대개 가역적이다.

고정되지 않은 사지에의 부하 증가는 해당 연골에 생체 역학적 변화를 유발한다.

이 모든 요인들은 해당 관절의 조기 가동술(early mobilization)에 대한 중요성과 정상적 관절 부하를 목표로 해야하는 필요성을 설명하는 근거가 된다. 그러나, 불안정(instability)한 경우, 고정은 필수적일뿐 아니라 유용하다는 것을 기억해야 한다.

재활치료에서 균형에 대한 이해는 중요하다; 재활치료는 치유와 회복을 도와야 하고, 조직 손상과 치유 지연 또한 피해야 한다. 이것은 왜 고정 후 격렬하고 반복적인 운동이 역효과를 낳는지에 대한 이유이다; 정상 활동으로의 복귀는 연골 바탕질(cartilage matrix)의 병변을 피하기 위해 조심스러워야 한다. 보행 중 적용되는 것과 같은 정기적 및 간헐적 부하는 관절 연골의 완전성을 유지한다. 약하거나 부드러운 운동은 연골의 역학적 속성에 대한 경미한 합성대사(anabolic) 효과를 보인다.

급성 염증의 경우, 고정과 부하 제거(unloading) 둘 다 유용하고, 이는 반려견이 안정을 취해야 하는 이유이다. 이 단계에서, 관절의 통증과 염증을 완화하는데 도움이 되는 수동적 기법들이 사용될 수 있다.

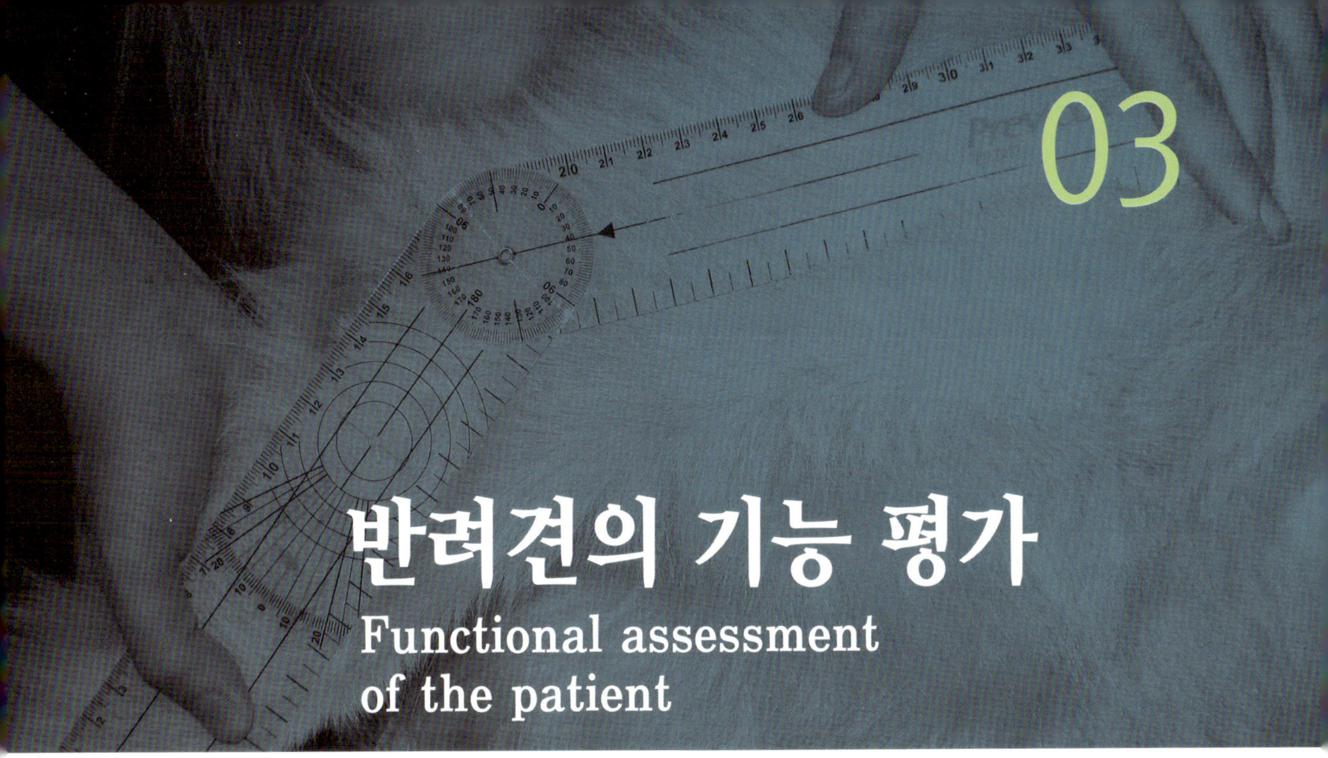

03 반려견의 기능 평가
Functional assessment of the patient

치료법을 결정하기 전에 반려견의 전체적인 평가가 필요하다. 이것에는 일반 검사 뿐 아니라, 반려견의 기능적 건강 상태(functional health)와 관련 있는 여러가지 측면에 대한 철저한 조사 또한 포함된다. 따라서, 기능 평가는 다음과 같은 사항들이 포함되어야 한다:

- 임상 기록(clinical history)과 병력(medical history)
- 기본적인 일반 검사
- 정형외과적 및 신경학적 검사
- 동태기능 검사/보행 분석
- 통증 정도 평가
- 장애 정도 평가
- 전신 촉진(대칭과 위축증)
- 운동 범위 평가
- 구체적 촉진

병력
Medical history

기능 평가의 첫 단계는 의뢰인과 함께 앉아서 몇 가지 필수 정보들을 기록하는 것이다:

- 나이
- 성별
- 품종
- 일반적인 건강 상태(열, 식욕 부진, 우울증, 구토, 설사)
- 동시 전신 질환(concurrent systemic disease)
- 외상 내력(어떤 종류, 외상 부위)
- 여행
- 반려견의 특정 역량들(활동, 운동 등)
- 진찰에 대한 주된 이유(이상있는 다리를 감별할때는 조심하라)
- 병리학적 변화 과정(어떻게 시작되었는지, 좋아졌는지 나빠졌는지, 날씨에 따른 변화, 운동 또는 휴식 후 변화, 그 날의 일정 처음부터 끝까지의 변화)
- 과거의 진단
- 과거의 치료들(복용/투여량, 기간, 결과를 포함)
- 현재의 치료(복용/투여량 포함)
- 통증 또는 파행(lameness)의 정도(보호자의 관점에서)

동물의 병력을 청취하는 동안, 보호자를 개방형 또는 폐쇄형 질문들을 이용해서 획득한 정보에 집중하도록 안내하는 것이 필요하다. 아래에 보이는 예시와 같은 질문서는 질문자에게 도움이 될 것이다.

파행 질문서 예시

- 다른 다리들도 영향을 받았습니까?
- 이 반려견의 상태가 아침이나 저녁에 더 악화됩니까?
- 해당 다리에 어떤 외상이 있었던 적이 있습니까?
- 언제 파행이 시작됐습니까? 그 파행이 지금과 비교해서 같은 정도입니까, 더 나쁩니까, 더 좋습니까?
- 운동 중 또는 날씨의 변화에 따라 파행에 변화가 있습니까?
- 과거에 진단을 받은적이 있습니까? 해당 반려견이 당시 치료를 받았습니까?

기능평가에 대한 질문서 예시

- 이 반려견이 정상적인 자세로 배뇨 또는 배변이 가능합니까?
- 이 반려견이 도움없이 자세를 변경할 수 있습니까?
- 이 반려견이 스스로를 긁을 수 있습니까?
- 이 반려견이 정상적으로 오르막길과 내리막길을 걸을 수 있습니까?
- 이 반려견이 계단을 오르내릴수 있습니까?
- 이 반려견이 달리고 점프할 수 있습니까?
- 이 반려견이 서서 먹을 수 있습니까?
- 이 반려견이 걸을 때 다리를 끌면서 갑니까?
- 이 반려견이 앉은 자세 또는 누운자세에서 일어나기 어려워 합니까?

일반 검사
General clinical examination

특정 치료 방법에 사용 금지 사유가 될 수 있거나, 심지어 파행을 유발할 수 있는 전신 질환을 배제하기 위해, 반려견의 전체 임상 검사를 수행하는 것은 필수적이다(그림 1).

이것은 외과적 치료가 고려되거나 장기간의 약물 치료가 예상될 때, 반려견이 견딜 수 있는지 확실하기 위한 중요한 정보다.

이 검사는 심혈관계, 호흡기계, 위장계, 간문맥계, 비뇨기계, 내분비계와 안과학적 검사를 포함한다.

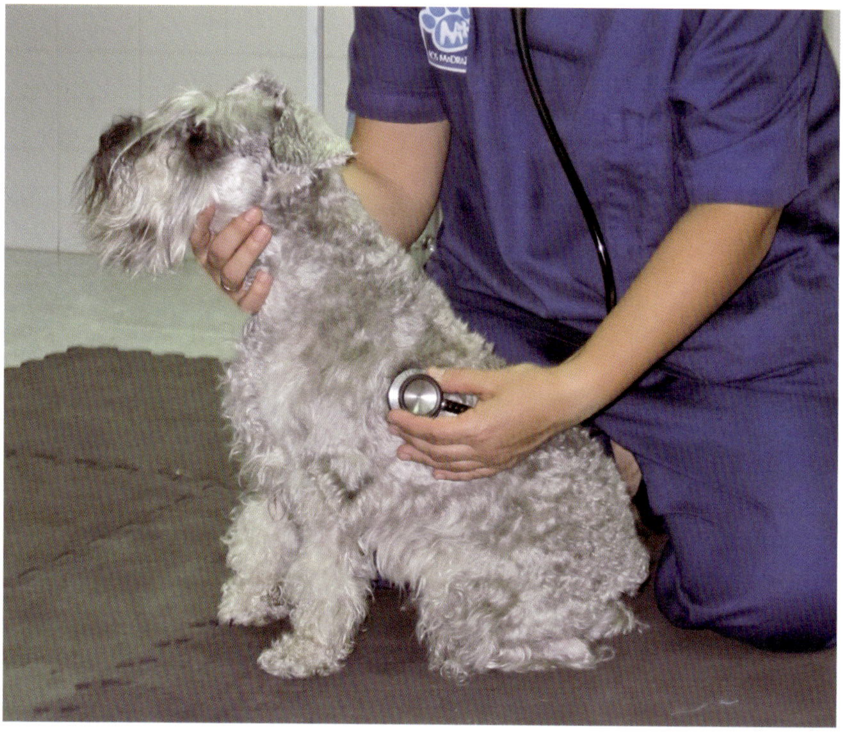

그림 1. 반려견의 임상 검사

정형외과적 검사와 신경학적 검사
Orthopaedic and neurological examination

재활치료가 필요한 반려견들이 다른 수의사들에게 대부분 이미 진단을 받고 초기 치료가 시작된 상태로 보내지더라도, 의뢰받은 수의사는 여전히 정형외과적 검사와 신경학적 검사를 꼼꼼하게 수행해야 할 의무가 있고, 이것은 치료방법들에 대한 가이드라인을 제공한다(**그림 2와 3**).

이 두 검사를 어떻게 수행할지에 대한 설명은 이 책의 범위에서 벗어나지만, 정형외과적 검사는 어떤 경우에도 재활치료를 시작할 때 수행하는 임상 평가 검사(clinical assessment examination)와 상당히 유사하다. 신경학적 검사는 늘 그렇듯 반려견의 정신 상태, 보행 분석, 자세 반사, 뇌 신경과 척수 신경의 검사를 포함한다. 신경계의 평가는 복합적이고 자세 반사나 무릎 반사를 확인하는 것만으로는 부족하다는 것을 명심해야 한다: 항상 전체적인 검사가 수행되어야 한다.

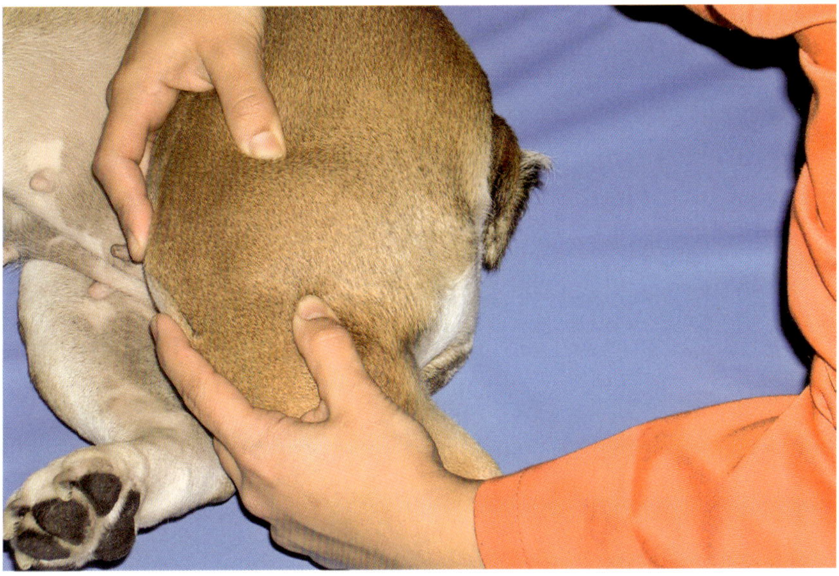

그림 2. 정형외과적 검사.

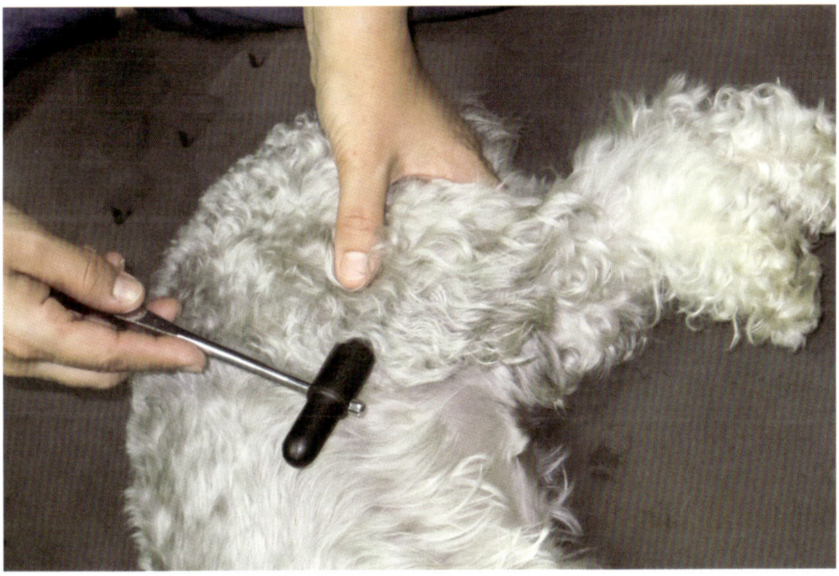

그림 3. 신경학적 검사 무릎 반사.

동태기능 검사/보행 분석
Dynamic study/gait analysis

보행 분석을 통해 보행 능력을 검사한다. 몸의 모든 부분들은 동시적이고 조화적인 방법으로 운동 계통(locomotor system)과 신경 계통(nervous system) 내 모든 요소들의 기능들 간 균형을 잡으며 이동한다. 이 검사는 복합적 운동 측정(힘판) 또는 운동학적 측정(전자각도계 또는 컴퓨터 비디오 촬영)을 사용해 정량적(quantitative) 분석을 할 수 있지만, 직접관찰을 통해 주관적인 정성적(qualitative) 분석을 할 수도 있다.

동물의 무게 중심은 어깨뼈의 꼬리쪽 가장자리를 통과하는 수직선과 복장뼈의 머리쪽 부분으로부터 꼬리쪽으로 뻗어있는 수평선의 교차점에 위치한다.

무게 중심은 미세한 자세 변경과 보행 움직임 간 변화하기 때문에, 평가를 위해 반려견을 똑바르고 미끄럽지 않은 지면 위에 서있도록 해야 한다(**그림 4**).

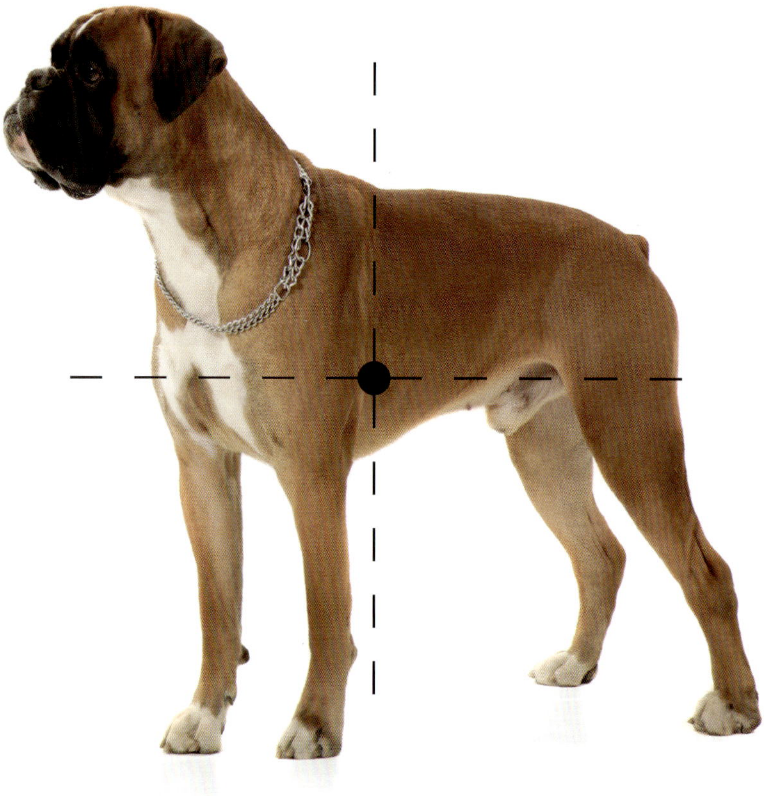

그림 4. 개의 무게중심

보행(gait)은 반복적인 한걸음(stride)의 연속으로 이뤄진다. 한걸음은 한쪽 발이 땅에 접촉할때 시작해서 해당 발이 땅에 다시 접촉할 때 끝나는 움직임의 반복으로 정의된다.

한걸음 이내에 각 다리는 개개의 한발짝(step) 주기를 완료한다. 이 주기는 입각기(support phase)와 유각기(swing phase)로 이뤄진다:

- **입각기**는 다리가 땅과 접촉하는 동안의 기간이고 두 부분으로 구성된다: 제동(braking)과 추진(propulsion) **(그림 5)**.
- **유각기**에는 다리가 공중에 떠있다; 이것은 세 부분으로 구성된다: 처음의 뒤로 흔들기(initial rearward swing), 앞으로 흔들기(forward swing), 밑으로 흔들기(downward swing) **(그림 6)**. 이 단계들에서 어떠한 이상이 발견되면 근골격계(파행)의 진단 또는 신경계 장애에 대한 진단에 도움이 된다.

그림 5. 입각기: 왼쪽 앞다리가 땅을 딛고 있다.

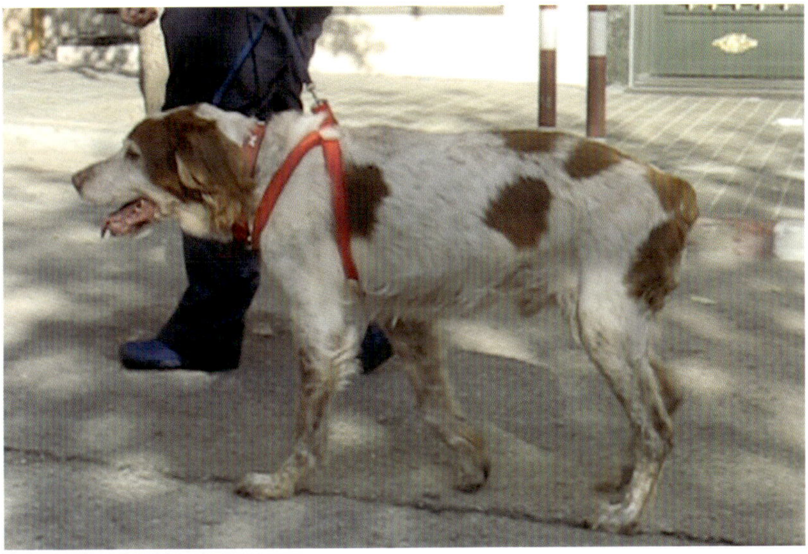

그림 6. 유각기: 왼쪽 앞다리가 공중에 떠있다.

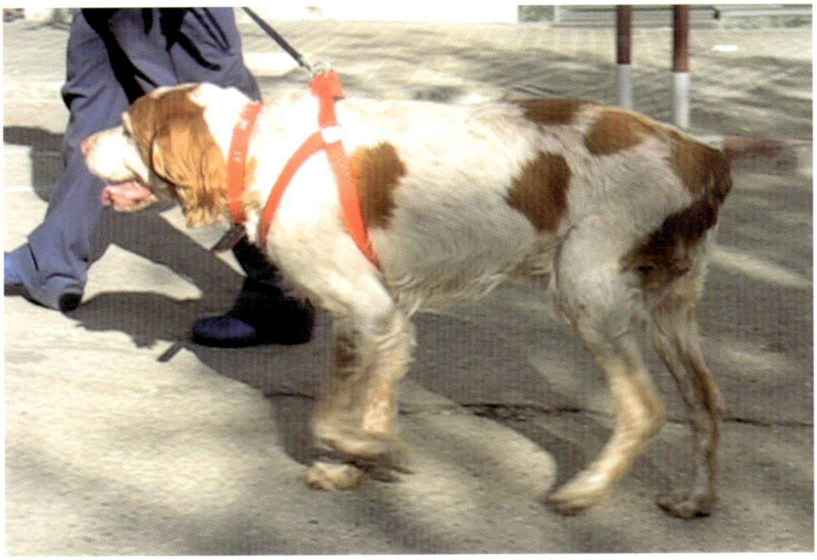

이 그림들은 비디오에서 인용함

반려견은 각기 다른 기능을 하는 다양한 보행 형태를 보인다. 3가지 기본 보행은 다음과 같다:

- **걷기**(walk) **(그림 7)** 는 느린 4비트 보행이다. 3개의 다리는 항상 그 동물의 체중을 지지하고 있고 균형을 유지하는데 도움을 준다.
- **속보**(trot) **(그림 8)** 는 사선의 2비트 보행이다. 하나의 앞다리는 반대편의 뒷다리와 일제히 움직인다.
- **질주**(gallop) **(그림 9)** 는 뒷다리들로 인한 강한 추진력이 특징이고 4비트의 리듬을 가진다. 이것은 두개의 입각기를 가진다(뻗침, 모음).

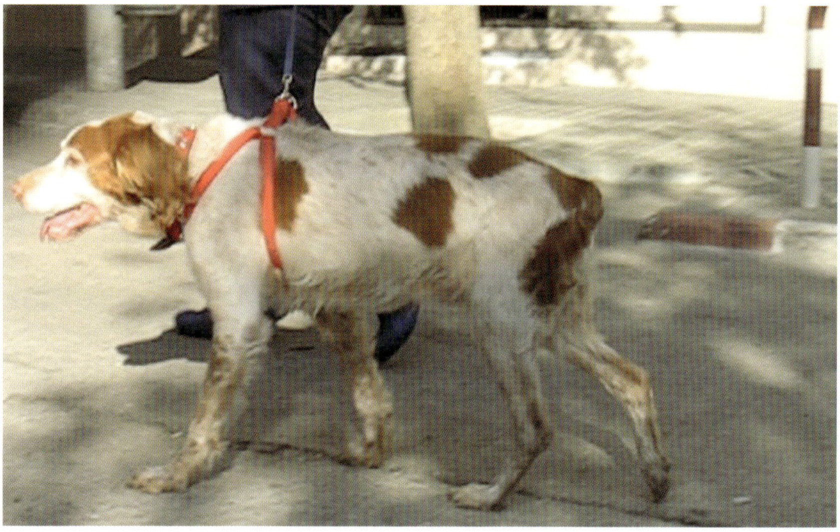

그림 7. 걷기

그림 8. 속보

이 그림들은 비디오에서 인용함

그림 9. 질주할 때 뻗침 입각기의 시작

언급된 것들에 대한 변형으로, 반려동물에서 볼 수 있는(특별히 반려견의 경우) 다른 형태의 보행이 있다. 그것들 중 하나는 측대보(pace)다**(그림 10)**. 이것은 2비트의 보행(오른쪽 앞다리는 오른쪽 뒷다리와 동시에 움직인다)이다. 그리고 무게 중심이 다른 보행에서처럼 위아래로 이동하는게 아니고 좌우로 이동된다. 이것은 관절의 움직임이 적다. 일부 품종에서는 일반적이지만 반려견은 대부분 이 보행형태를 일부 근육군을 휴식시키거나 관절을 움직이는데 발생하는 통증을 피하기 위해 사용한다.

구보(canter) 또는 **느린 질주**(slow gallop)는 사선의 3비트 보행이다. 반대쪽의 두 다리들(앞과 뒤)은 다른 두 다리가 독립적으로 움직이는데 반해 일제히 움직인다. 이 보행은 질주보다 덜 피로하고 예를 들어, 썰매개가 경주할 때 사용된다.

면밀한 검사와 촉진을 계속 시행하기 전에, 다친 부위를 만지면서 파행이 두드러지는 것을 피하기 위해, 반려견이 서있을 때와 걷기/속보로 보행할 때를 관찰해야 한다. 반려견이 앉아있거나 누워있다가 어떻게 일어나는지를 관찰하라**(그림 11)**.

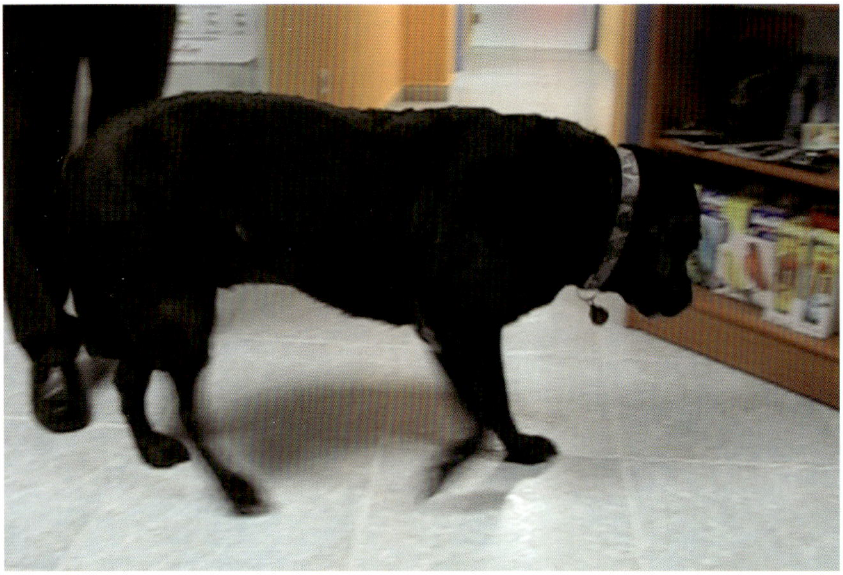

그림 10.
측대보(Amble)

그림 11. 자세 변경: 앉아있다가 일어설 때

이 그림들은 비디오에서 인용함

대부분 파행은 일어난 직후에 보다 심하고 움직이는 동안 좋아진다; 그 밖의 경우에는, 반려견이 일어날 때 다친 다리를 전혀 사용하지 못한다.

기립 Standing

서있는 동물에게서는 쇠약, 진전증, 근위축증으로 인한 사지의 비대칭, 목과 머리의 비대칭, 사지의 비대칭적 자세, 일반적 자세의 비대칭에 대한 징후들이 확인될 수 있다(**그림 12**).

대체로, 서있는 동물은 본인의 모든 체중을 다친 다리에 싣지 않거나 발바닥을 바닥에 완전히 접촉시키지 않는다. 어떤 만성 파행 사례들에서는 발바닥과 발톱의 마모면이 평평하지 않다. 입각기 동안 반려견이 자신의 체중을 이동하는 방법과 이로 인한 무게 중심의 이동 방법을 관찰하고, 디딤발이 형성하는 기하학적 패턴을 기록하라.

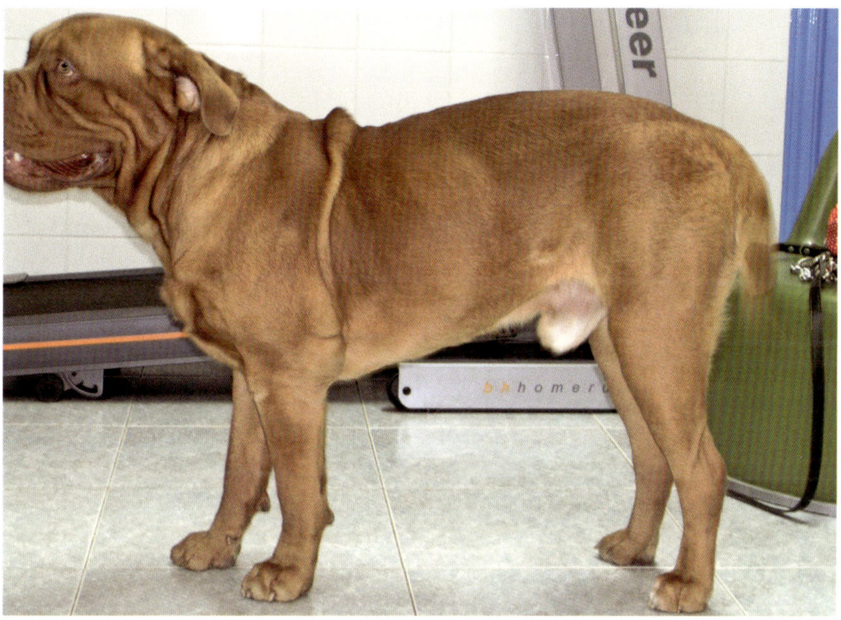

그림 12. 오른쪽 어깨에 골연골염을 갖고 있는 도그 드 보르고(Dogue de Bordeaux)가 서있는 상태에서의 검사. 체중이 왼쪽 앞다리쪽으로 옮겨가는 것을 관찰하라.

걷기 Walk

대략 5-10m의 거리를 두고 널찍한 공간에서 동물을 목줄을 채운 상태와 채우지 않은 상태 모두를 관찰하는 것이 가장 좋다. 우선 반려견이 직선에서 멀어지며 걷고, 그 후 관찰자를 향해, 그리고 가쪽에서 멀어지며 걷는 것을 직선을 따라 관찰해야 한다. 결국, 걷기는 원을 그리는 형태로 평가될 것이다(양쪽 방향으로), 그동안 특정 문제들이 때때로 강조된다.

위에서 보는 시야는 다르기 때문에, 치료사가 반려견의 시선 높이에서 보행을 관찰하는 것이 권장된다.

걷기는 느린 보행으로, 각 다리가 제각기 평가될 수 있는 이점이 있다. 이것은 한발짝의 각기 다른 단계(입각기와 유각기)를 철저히 검사할 수 있게 해주며 그것들 중 몇몇 발생가능한 결핍을 찾을 수 있게 해준다**(그림 5와 그림 6)**. 또한, 한발짝의 패턴은 특정 지면에서 관측이 가능하다(모래). 걷기의 검사는 앞다리와 뒷다리의 파행을 구분하는데 유용하다.

속보 Trot

속보를 하는 동안에는, 대각선으로 마주보고 있는 뒷다리와 앞다리가 동시에 지면을 차기 때문에, 파행이 앞다리에서 발생했는지 뒷다리에서 발생했는지 알아내기가 보다 어렵다. 또한 이것은 보다 빠른 보행으로, 인간의 눈으로 변화를 찾기가 더욱 힘들다. 느린 화면으로 보행을 평가하기 위해서 여러가지 보행을 비디오로 녹화하는 것을 권장한다.

기능 평가는 파행을 검출하기 위해 수행하는 것이 아니고, 아래와 같은 다른 요인들이 관찰된다는 것을 기억하는 것은 중요하다:

- 한걸음의 길이
- 한발짝 동안 다리의 위치
- 관절의 움직임
- 척주의 측면 이동
- 움직임의 대칭성

이러한 요인들과 다른 요인들에 대한 관찰은 보행 결핍과 이로 인한 운동 계통의 결과를 식별하는데 도움이 된다.

통증 정도 평가
Assessment of the degree of pain

반려견에게 있는 통증의 존재는 중요한 요인이다. 통증의 정도는 가능한 한 정성화되고 정량화되어야 한다. 통증이 있는 반려견은 재활치료의 참여를 주저하고, 따라서 치유 과정과 기능 회복이 지체된다.

급성 통증은 병변에 대한 자연적인 반응이고 대부분 치료하기 쉽다; 재활치료에서 가장 흔한 통증인 만성 통증은 생리적 반응이 아니지만, 과민감(hypersensitization) 현상을 뜻하고, 치료와 근절이 훨씬 더 힘들다. 가능한 한, 통증을 예방하고, 발생 시 다양한 방법으로 치료하는 것이 최선이다.

반려견에 대한 재활치료 프로그램을 수립할 때, 통증 치료가 첫번째 목표이므로, 반려견이 겪고 있는 통증의 정도를 알아야 한다.

수의학에서, 통증 정도 평가는 주관적이라서 복잡하다. 모든 개인이 다르고 각기 다른 동통 역치(pain threshold)를 가지고 있다는 사실에 더해, 보호자의 인식과 수의사 스스로의 관찰이 필요하다.

통증 정도 평가에 대한 다양한 척도들이 있고(다음 페이지의 박스 참조), 대부분 이 척도들은 의학에서 가져와서 변형시켰다. 이러한 척도들은 통증을 등급화하는데 매우 유용하지만, 다양한 사람들이 평가를 실시할 때의 주관적 변화와 검사된 생리적 매개변수들이 다른 요인들에 의해 영향을 받을 수 있다는 점과 같은 몇 가지 문제점을 갖고 있다.

통증 평가 척도

- 단순 서술 척도(SDS; Simple descriptive scales)
- 시각 아날로그 척도(VAS; Visual analogue scale)
- 수치 평가 척도(NRS; Numerical rating scale)
- 다차원 척도(Multidimensional scales)
- 글래스고 복합 통증 척도(Glasgow composite pain scale)

장애 정도 평가
Assessment of the degree of disability

장애 정도 평가는 재활치료에서 반려견의 기능 용량(functional capacity)을 결정하기 위해 필수적이다. 반려견의 기능적 취약점, 즉 반려견이 어떤 것을 할 수 있고 할 수 없는지에 대한 관찰을 통해, 재활치료 프로그램의 목표를 수립할 수 있다. 이것은 사약견 또는 사냥개에게 그들의 활동량이 완전히 회복될 수 있을지를 결정하기 때문에 특히 중요하다.

의학에서는 기능 평가에 대한 여러가지 국제적 척도, 심지어 관절별로 분류된 척도가 존재하지만, 수의학에서는 국제적으로 공인되거나 수용된 것이 없다. 보호자와 수의사의 관찰에 의해 결정되는 통증 평가와 같이, 장애 등급 측정 또한 어떠한 주관성에 영향을 받는다. 병력을 청취할 때 보호자와 함께하고 반려견을 관찰하고 평가한 후 질문지를 작성하는 것은 기능 평가에 대한 표준 질문지(23쪽 참조)를 개발하는데 상당한 도움이 된다.

전신 촉진
General palpation

반려견은 먼저 서있는 상태에서 검사를 받는다. 관찰과 촉진을 통해, 대칭과 체중 지지 자세를 평가하고 온점(warm spot)을 찾는다. 염증(발열), 비정상적 형태, 관절 종창, 민감한 부분, 통증의 존재를 찾기 위해 각기 다른 부분들을 개별적으로 검사해야 한다. 이러한 서있는 자세에서의 촉진은 또한 자세별 근긴장도를 평가할 때 유용하다.

예를 들어, 근위축을 찾기 위해 줄자를 또는 관절 종창을 측정하기 위해 칼리버를 사용한 넓적다리 또는 아래팔의 둘레 측정과 같은 일부 측정들은 이 자세에서 수행된다.

체온 변화를 확인하기 위해 척주를 촉진(목에서부터 꼬리까지)하고 가동성과 척추부근/허리부근 근육들의 상태를 평가하는 것을 잊지 말아야 한다 (그림 13).

그림 13.
척주의 촉진

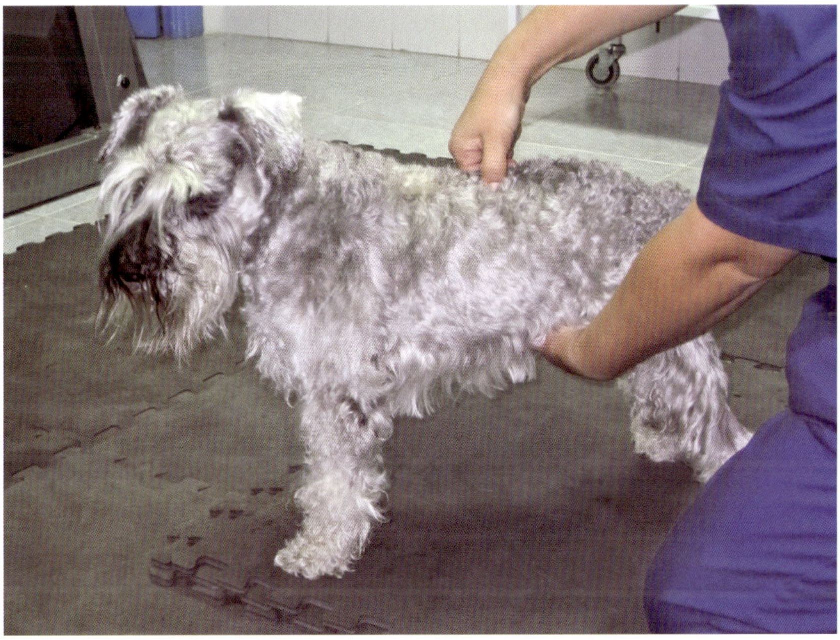

운동 곡선 측정
Measuring the arc of motion

반려견을 옆으로 눕힌 후, 관절이 움직일 때 관절이 형성하는 곡선(뼈운동학적 움직임; osteokinematic movement)인 운동 곡선을 측정한다. 여기에는 두 가지 유형의 운동 범위가 있다: 능동과 수동.

- **능동 운동 범위**는 능동적 움직임에서 관절이 형성하는 곡선을 지칭한다.
- **수동 운동 범위**는 수동적으로 움직일 때 관절이 형성하는 곡선을 지칭한다. 이 수동 운동 범위는 각도계를 사용하여 측정한다(**그림 14**).

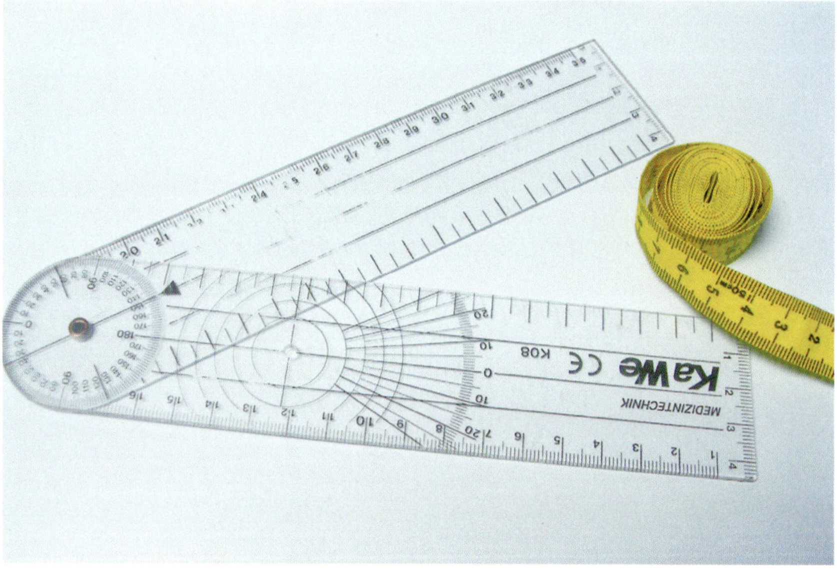

그림 14. 수동 운동 범위를 측정하기 위한 각도계와 줄자.

어떤 통증도 유발하지 않는 각도를 각도계로 측정해야 하고 3가지 측정값의 평균을 측정하는 것이 좋다. 각도계의 팔을 검사해야 하는 관절의 양쪽 뼈 세로축과 평행하게 위치시키고 받침점을 관절 위에 위치시킨다. 의학에서는, 시작점이 중립 자세(0°)이고, 여기에서부터 굽힘(flexion)과 폄(extension)에 대한 각도를 측정한다. 수의학에서는 180°를 중립 자세로 여기고, 여기에서부터 굽힘에서는 각도가 감소하고 폄에서는 각도가 증가한다(**그림 15-22, 표 1**).

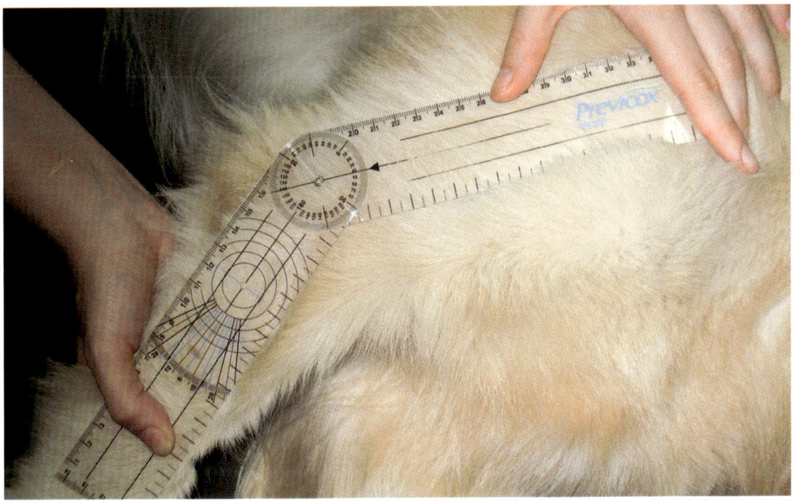

그림 15.
앞발꿈치(elbow)를 필 때의 운동 곡선 측정.

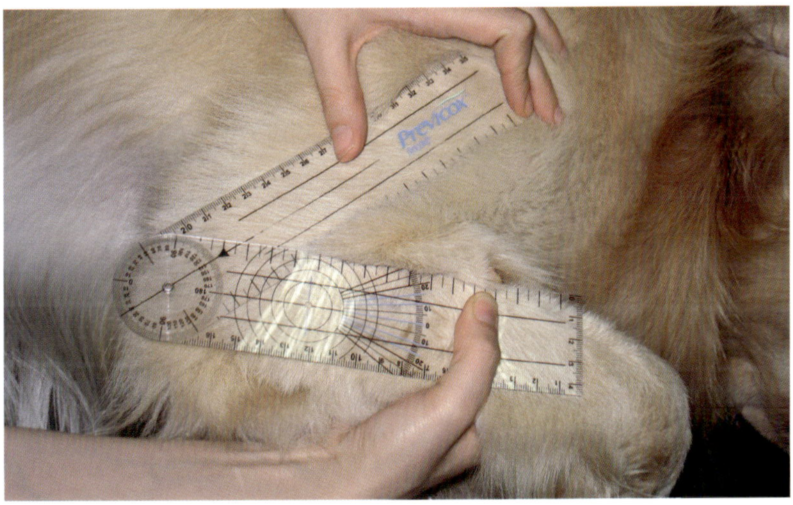

그림 16.
앞발꿈치(elbow)를 굽힐 때의 운동 곡선 측정.

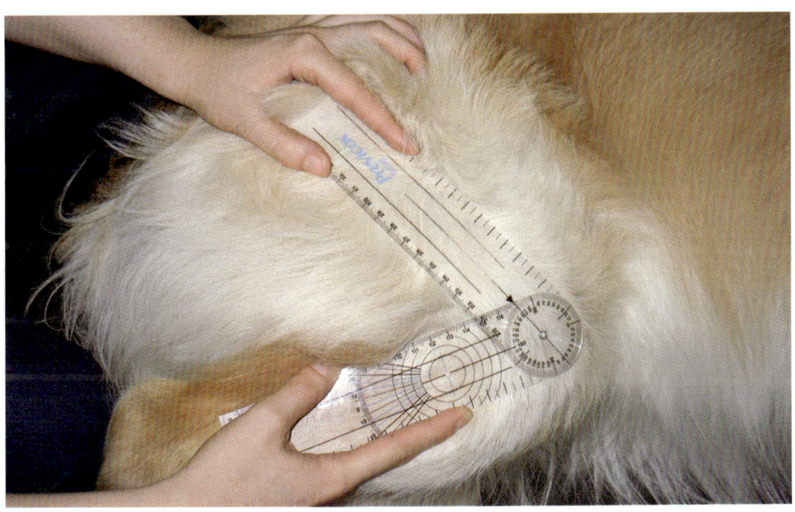

그림 17.
뒷무릎관절(stifle)을 굽힐때의 운동 곡선 측정

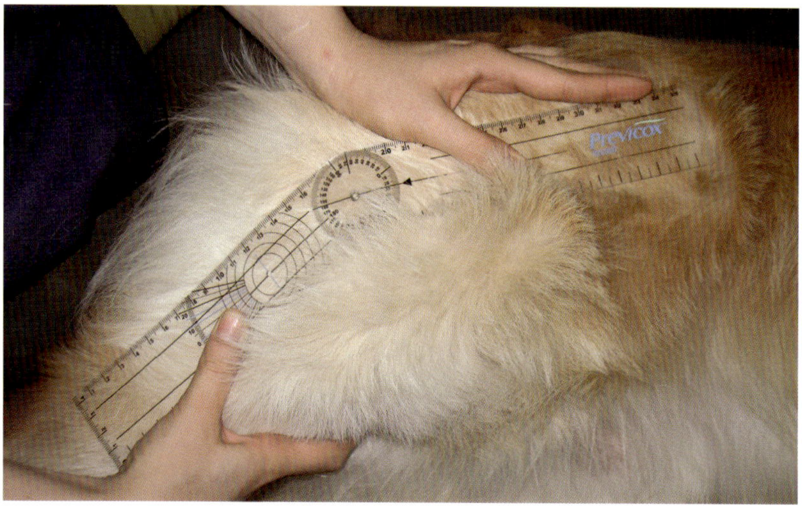

그림 18. 엉덩관절(hip)을 필 때의 운동 곡선 측정.

그림 19. 앞발목(carpus)을 필 때의 운동 곡선 측정.

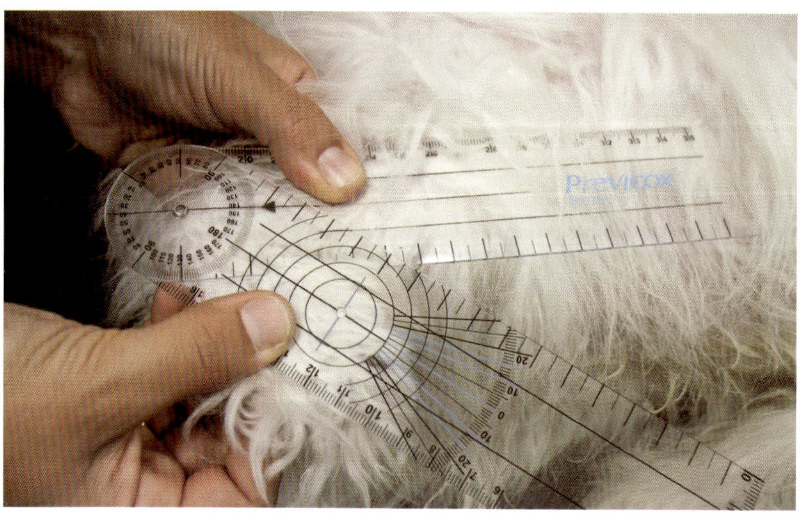

그림 20. 앞발목(carpus)을 굽힐 때의 운동 곡선 측정.

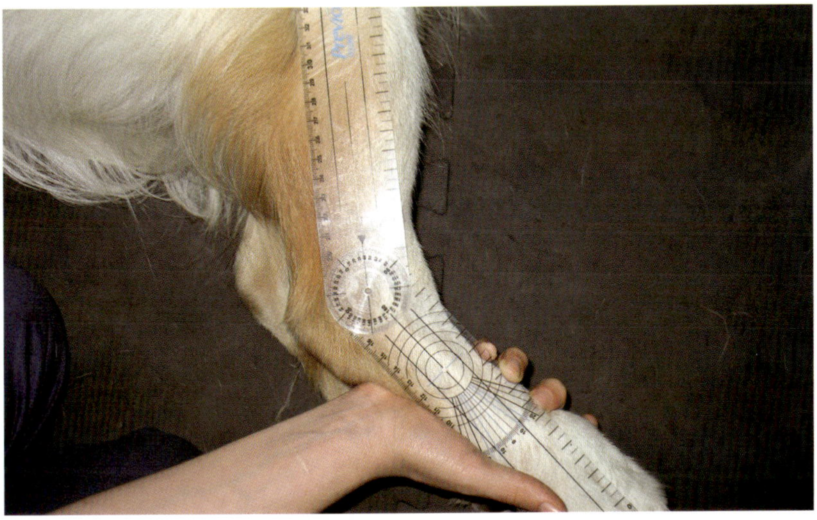

그림 21.
뒷발목뼈(tarsus)를 필 때의 운동 곡선 측정.

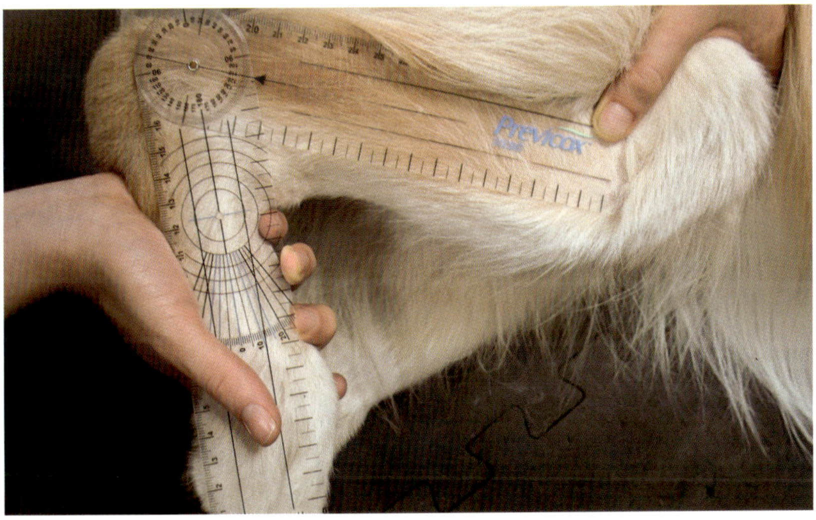

그림 22.
뒷발목(tarsus)을 굽힐 때의 운동 곡선 측정.

표 1. 일반적 운동 곡선(2004년 발행된 Millis, Levine and Taylor. Ed. Saunders의 저서 "canine Rehabilitation & Physical theraphy"에서 참조).

관절	운동 곡선	각도
어깨	굽힘	30-60°
	폄	160-170°
앞발꿈치	굽힘	20-40°
	폄	160-170°
앞발목	굽힘	20-35°
	폄	190-200°
엉덩관절	굽힘	55°
	폄	160-165°
뒷무릎관절	굽힘	45°
	폄	160-170°
뒷발목	굽힘	40°
	폄	170°

개별 근육 촉진
Specific muscle palpation

동물이 계속해서 옆으로 누워있는 상태에서, 근육량 측정 및 근육긴장항진증, 근육긴장저하증, 단축, 긴장, 쇠약과 같은 임상적 징후들을 확인하기 위해 각 근육들을 촉진한다(**그림 23**). 구축과 근막 통증유발점들 또한 확인해야 한다.

근막 통증유발점은 "연관통증과 자극에 대한 감각이상을 유발하는 과다 흥분된 국소적 부위"이다. 근육에 이 통증유발점들이 존재하면 근육의 단축과 긴장, 운동 범위의 감소, 근육 쇠약, 통증을 유발한다. 통증유발점의 원인은 다양하다. 이것은 대개 근골격계 질환의 2차 질환이거나, 1차 병변 또는 생체역학적 질환의 후유증일 수 있다. 이러한 이유로, 원인을 알아내는 것이 중요하며, 가급적이면 통증유발점 치유를 시도하는 동안 치료하는 것이 중요하다. 촉진 시, 단단한 결정성의 구조가 근육이나 근막에서 느껴질 것이다. 근육만 아프고 통증유발점이 표면에 위치하지 않는 경우, 근섬유의 긴장된 띠를 감지할 수 있다. 이러한 통증유발점들은 매우 민감하고 반려견은 몸을 떨고 신음을 낼 것이며, 그들을 자극하는 경우 물려고 시도할 것이다.

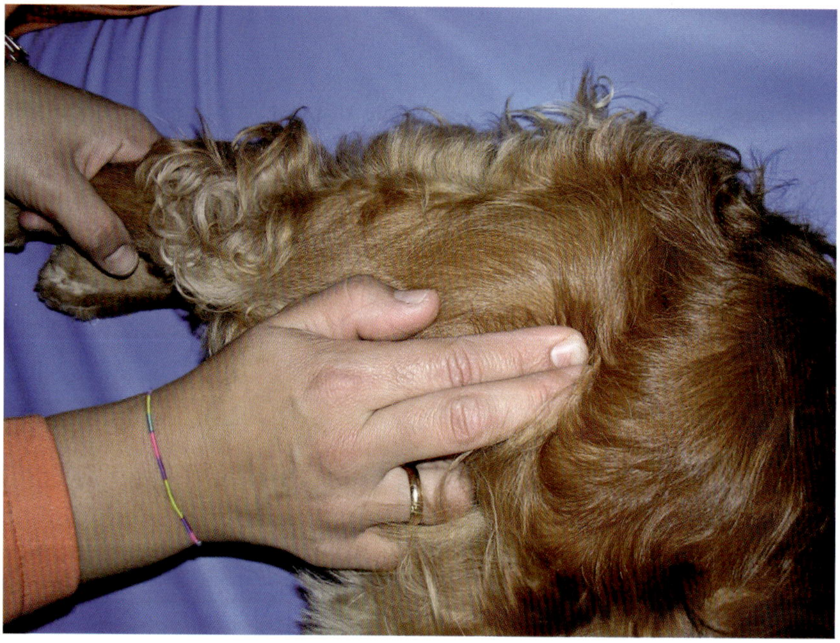

그림 23. 넙다리빗근의 촉진.

통증유발점의 일반적인 위치

- 세갈래근
- 가시아래근
- 네갈래근
- 두덩근
- 엉덩갈비근/허리근육
- 긴종아리근
- 반힘줄근
- 중간볼기근

재활치료 계획 작성
Drawing up a rehabilitation plan

기능 평가의 모든 정보가 수집된 이후, 즉 진단이 확정되자마자, 치료 목표와 기대도가 결정된다. 재활치료에서는, 주요 목표는 항상 최대한의 기능 회복이다; 반려견이 스스로 그리고 가급적 정상적으로 일상 생활이 가능하게 하는 것이다. 이는 삶의 질을 향상시킨다.

이러한 원론적인 목표 외에도, 반려견의 경과를 수량화하고 평가할 때 유용한 몇 가지 명확한 목표들이 있다:

- 통증과 염증의 완화(존재하는 경우)
- 근위축증의 둔화 또는 근육량과 근긴장도의 회복
- 운동 기능 회복
- 협동능력, 균형감각, 고유감각의 회복
- 근연축과 근구축 감소
- 보행 재교육
- 운동범위의 회복 또는 유지

물리치료법(전기 자극, 맥동 단파, 초음파, 온열요법 등)과 운동요법(수동적, 수 치료법, 저충격 운동 치료, 협동과 평형 운동 등)의 병행 사용이 재활치료 시 반려견의 차도에 도움이 된다. 이상적으로는 재활치료 계획에 일일 치료세션을 넣어야 하지만, 실질적으로는 대부분의 보호자들은 센터에 매일 방문할 수 없기 때문에 애완동물의 보호자와 재활치료팀이 센터에서의 치료와 집에서의 치료를 병행하는 것에 동의해야지만 가능하다. 수술 후 재활치료는 병원에서 반려견이 입원하고 있는 시간을 잘 활용하여 매일 수행될 수 있다.

재활치료는 반려견의 상태를 호전시켜야 하지 악화시켜서는 안 된다. 따라서 적절한 강도와 빈도의 운동을 시킬 수 있도록 상실된 운동능력의 현재 상태를 아는 것이 중요하다.

정해진 모델은 없다는 것을 명심하라: 각각의 프로그램은 개별적으로 설계되어야 한다.

단순 재활치료 프로그램에서는, 활동량이 매주 20% 정도 증가해야 한다. 반려견이 운동 후 시작할 때보다 더 심한 통증을 보이거나, 운동범위가 줄어들면, 수일동안 휴식을 취하고(경우에 따라, 진통제 사용 가능), 그 후 50%의 활동량으로 재개되어야 한다. 비스테로이드소염제는 활동량 증가에 대한 인내력 초과를 감출 수 있으므로, 운동량 증가 후 투여해서는 안된다.

요약하면, 재활치료 프로그램은 다음과 같아야 한다:

- 치유를 가능하게 한다.
- 조직들의 재활과 강화를 통해 체중을 지지할 수 있게 한다.
- 상실된 보상기전(decompensation)을 회복시키기 위해, 동물을 전체적으로 재활시킨다.

잊지 말아야 할 것들

- 반려견의 전반적인 움직임에 대한 어떠한 변화(움직임은 조화로워야 하고 협동적이어야 한다)와 힘이 작용하는 방향에서 근골격계의 다양한 요소들이 즉각적으로 치료되어야 한다(추가적인 장애를 예방하기 위해).
- 재활치료 계획을 세울 때 통증과 연관된 조직들의 존재를 진단하라.
- 치료를 시작하기 전에 이차적 변화가 발생할 때까지 기다리지 마라(재활이 더욱 어려워지고 치료가 느려진다).
- 재활치료 계획에 결함이 있을 경우, 해당 동물의 질환이 재발할 것이다.
- 상처가 치유될 때까지 기다리는 것이 최선이다.
- 손상을 가하지 않는 선에서 휴식 시간을 최소화하라.
- 재활은 다친 부위만 대상으로 하지 말고, 동물의 전신을 치료해야 한다.
- 동물이 휴식하는 동안 심리적 요인들, 영양, 병변의 영향이 모두 고려되어야 한다.
- 목표는 건강한 조직의 퇴행을 최소화하며 치유를 극대화하는 것이다.

04

운동 생리학
Exercise physiology

운동 생리학은 어떠한 종류의 운동을 수행할 때 신체의 변화들을 연구한다. 재활치료 프로그램을 계획하고 수행할 때 이러한 변화들의 이해가 중요하다.

어떤 생물체도 원칙적으로 항상성을 유지하는데 목표를 둔 기초 대사량에서 작동한다. 순간적인 활동량 증가로 인해 에너지 수요가 일시적으로 증가할 경우, 신진대사는 수요를 충족시키려 조정된다. 이러한 조정을 위시한 생리적 변화들에 대한 이해는 반려견의 재활치료를 이끄는 프로그램들을 발전시킬 것이다.

체력이란 무엇인가?
What is fitness?

정의상, 체력은 "현재 및 잠재적인 육체적인 도전을 성공적으로 극복하는 능력"이다.

체력은 4가지 요인을 바탕으로 한다:

체력의 요소

- 심폐지구력.
- 유연성.
- 근력.
- 근지구력.

심폐지구력 Cardiovascular endurance

심폐지구력은 "운동하는 동안 산소를 근육에 운반하는 심장, 폐, 혈관의 능력"으로 정의된다.

지구력을 기르기 위해서는, 약한 정적 근육수축(예를 들어, 전력질주보단 조깅) 저강도 장시간 운동을 운동 계획에 넣어야 한다. 이는 유산소 지구력 운동을 뜻한다(**그림 1**).

그림 1. 야외에서의 걷기나 뛰기는 심혈관 운동의 좋은 예시이다.

유연성과 가동성 Flexibility and mobility

유연성과 가동성은 "관절을 완전한 운동 범위를 움직일 수 있는 능력"으로 정의된다.

유연성과 가동성은 다음과 같은 요소들로 인해 제한될 수 있다:

- 근육 구축, 흉터들, 단축된 인대들
- 관절 불일치 또는 생체 역학의 변화
- 염증, 부종, 삼출, 유착, 섬유증

수동 운동요법과 스트레칭은 물렁조직이 본인의 정상적 길이와 기능을 회복하는데 도움이 되고 구축과 후속 장애를 예방하는데 도움이 된다(**그림 2**) (제5장 운동요법과 스트레칭 참조).

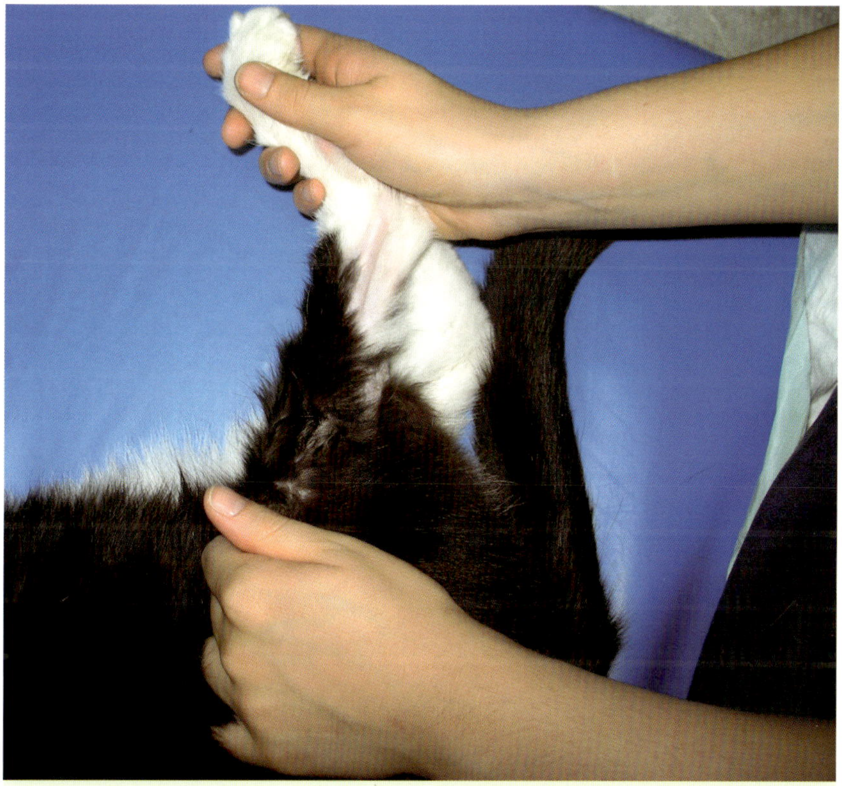

그림 2. 유연성 증가를 위한 장딴지 근육의 스트레칭.

근력 Muscle strength

근력은 "근육의 최대 수축에 도달하는 능력"으로 정의된다. 즉, 단일 수축에서 힘과 긴장의 최대량을 만드는 능력이다.

이것은 수많은 요인들에 영향을 받는다. 근섬유들의 직경은 중요하다; 섬유가 두꺼울수록, 힘이 세진다. 또한, 근육 길이와 근긴장도 사이의 관계는 중요하다. 근육이 살짝 늘어나면, 더욱 강한 수축이 가능하다. 마지막으로, 운동단위들을 동원하는 뇌의 능력이 중요하다. 이를 위해, 신경계는 온전하고 완전한 기능을 해야한다.

근육 수축에는 3가지 유형이 있다:

- **동심 수축**: 근육의 짧아짐(예: 두갈래근의 수축)
- **편심 수축**: 근육의 능동적인 늘어남(예: 계단이나 오르막길을 오를 때 무릎을 피기 위한 햄스트링 근육의 수축)
- **등척 수축**: 근육길이의 변화 없음(예: 자세를 유지하기 위한 네갈래근의 수축)

수축의 3가지 유형들은 각기 다른 양의 힘을 발생시킨다. 편심 수축이 가장 큰 힘을 발생시키고 동심 수축이 가장 작은 힘을 발생시킨다. 그렇지만, 편심 수축은 근육 파열을 유발할 수 있으며 등척 수축은 운동 범위가 아주 좁기 때문에, 근력 강화에 가장 좋은 유형은 동심수축이다.

다른 요인들로는 반려견의 의욕(motivation), 반려견의 상태, 수축 속도가 있다: 느린 수축이 빠른 수축보다 더 강한 힘을 발생시킬 수 있다.

근력 강화 시 근육에서 일어나는 변화들:

- 개별 근섬유의 늘어남
- 혈액 공급 증가
- 에너지의 생성과 소비에 대한 생화학적 기전이 더욱 효율적이게 된다.
- 신경계가 운동 단위들을 동원하는데 더욱 효율적이다.

근지구력 Muscular endurance

근지구력은 "지속적인 근육 사용을 수행하는 능력"으로 정의된다.

이것은 경도(minor) 수축 또는 중등도(moderate) 수축을 얼마나 오랫동안 지속할 수 있는지를 뜻한다.

혈액 공급의 증가, 근육량, 생화학적 효율성은 근지구력을 향상시킨다. 따라서, 근지구력은 체력의 다른 요소들에 의해 결정된다: 심폐지구력, 근력, 유연성.

근육은 에너지를 필요로 한다!
The muscle needs energy!

필요에 따라, 근육 계통은 기능하기 위한 특정량의 에너지를 요구한다.
이 에너지는 다양한 생화학적 기전의 활동을 통해 획득한다.

사용된 신진대사의 유형은 세포의 환경 조건(예: 유산소 vs. 무산소)에 따라 다르다. 또한 pH, 체수분량 상태(hydration status), 체온, 효소의 존재유무와 같은 다른 유형의 신진대사를 실행하는데 영향을 주는 특정한 요인들이 존재한다. 대사 반응에서, 에너지는 신진대사 체계의 활발한 작동을 위해 제거되어야 할 노폐물과 함께 생성된다.

신진대사의 유형들

- 즉각적 에너지원
  - ATP, 포스포크레아틴, 마이오키나아제 반응.
  - 목표: 체내 ATP 농도 유지.
- 글루코오스 대사(해당작용; glycolysis)
  - 5-20초에서 2분을 위한 에너지.
  - 최종 산물: ATP와 피루브산염(젖산).
  - 혈중 적정 pH에서, 젖산은 젖산염으로 전환된다.
  - 젖산염은 다시 피루브산염으로 전환된다(간, 근육).
  - 피루브산염의 생성되고 혈중 pH와 근육의 pH는 감소한다. 이 산증은 근육 대사의 변경을 야기한다.
- 산화적 대사
  - 운동 후 최소 2분이 지나고 활성화.
  - 탄수화물, 단백질, 지방을 소모하여 에너지를 생성.
  - 지속적 운동을 위해 사용됨.
  - 에너지 생성을 계속하기 위해 산소가 필요하다.

건강한 동물 훈련하기
Training the healthy animal

신체의 기능이 평소보다 많이 활성화 될 때, 추가적인 에너지가 필요하다. 이 에너지는 신체 기능을 보조하기 위해 사용이 가능할 뿐 아니라, 육체적 활동을 할 때에도 사용이 가능하다. 이는 생화학적 기전이 효율적이어야 한다는 것을 의미한다. 동물이 일시적으로 운동을 수행할 때, 동물의 조직들은 에너지 수요의 증가에 맞게 조정되지만, 그 운동이나 활동이 매일 반복될 때, 미생물과 신진대사는 이에 맞춰 조정될 뿐 아니라 에너지 수요가 더 높아질 것을 대비한다. 즉 에너지가 저장되고 효소 농도가 높아진다. 결과적으로, 이 동물들에게는 체계 손상과 세포 손상이 보다 적게 발생하며 잘 훈련되고 건강해진다.

다양한 훈련에 대한 근육의 반응은 근육의 유형에 의해 결정된다: **Ⅰ형(느린 수축)** 또는 **Ⅱ형(빠른 수축)**. 근육 속 섬유 각각의 구성은 운동을 통해 어느 정도 변형이 가능하지만, 상대적 양은 유전적으로 결정된다.

운동과 훈련 유형에 따른 근육의 반응은 다수의 섬유 유형에 대한 품종별 체질에 따라 매우 다양하다고 추정하는 것은 논리적으로 보인다. 예를 들어, 하운드 유형(hound-type)의 사냥개는 Ⅰ형 섬유를 더 많이 갖고 있지만, 그레이 하운드(Greyhound)는 Ⅱ형 섬유를 많이 갖고 있다. 게다가, 섬유 함량은 해부학적 위치와 근육 기능에 따라 다양하다. 운동을 하는데 사용되는 표재 근육들은 Ⅱ형 섬유를 더 많이 함유하고 있는 반면, 자세를 잡는 동작에 사용되는 심부 근육들은 Ⅰ형 섬유를 더 많이 함유하고 있다. 근육의 기능이 외과적 수술(힘줄 자리옮김술, 힘줄절제술) 또는 특별한 운동에 의해 변하면, 섬유 유형의 상대적 양 또한 변한다.

훈련 프로그램은 항상 반려견의 일상 활동에 맞춰져야 하며, 프로그램을 계획할 때 품종과 신체 영역이 고려되어야 한다는 것을 명심하라.

훈련하는 동안 일어나는 신진대사의 변화들은 훈련의 강도, 시간, 빈도, 방법에 따라 다르다. 최적의 조정을 위해 이 모든 요인들 사이에 균형을 이뤄야 한다. 훈련은 주변부(근골격계)의 변화들 뿐 아니라 중추부의 변화들(심혈관, 폐, 내분비, 신경계) 또한 유발한다.

운동의 효과는 **과부하의 원리**(the principle of overload)를 따른다. 결과들을 얻기 위해, 동물은 일반적인 활동의 수준을 넘는 훈련을 받아야 한다, 즉 평소보다 힘든 작업을 수행시켜야 한다. 이렇게 하기 위해, 저항력, 수축의 횟수, 운동 시간을 증가시켜야 한다.

어떤 종류의 훈련을 실행해야 하는가?
What kind of training should be used?

심혈관 운동의 강도, 시간, 빈도는 주요 목적에 따라 조정되어야 한다; 근력 또는 지구력 중 어느 한쪽.

이 운동에는 지속적인 훈련이 사용될 수 있다, 즉, 특정 시간동안 일정한 강도의 운동, 또는 인터벌 트레이닝, 이에 따라 집중적 운동 시간과 부분적 휴식 시간이 달라진다.

체력 단련 Fitness training

지속적 훈련이 사용되면, 동물을 일정한 강도로 상대적으로 긴 시간동안 운동시킨다. 이것은 운동 강도가 피로와 관련된 손상의 위험을 최소화하는 유산소 범위 내에 있어야 한다는 것을 뜻한다(**그림 3**).

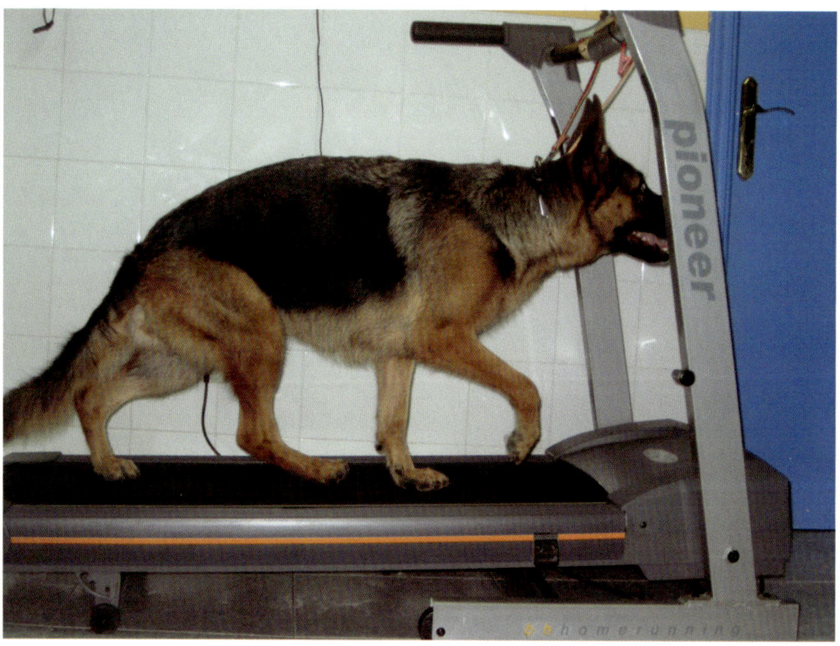

그림 3. 트레드밀은 지속적 훈련을 위해 유용한 도구이다.

인터벌 트레이닝 Interval training

이 유형의 훈련에 대한 원리는 짧은 휴식 기간을 사이에 두고 단기간의 훈련으로 분할하는 것이다.

한 세트의 주기(운동과 휴식의 교체)는 운동 시간보다 긴 휴식 시간을 따른다.

인터벌 트레이닝의 이점은 심박수와 호흡수의 부분적 회복 및 근육에서 젖산의 부분적 제거가 가능하다는 것이다.

이것은 동물이 하루에 지속적 훈련에서보다 더 많은 운동을 수행할 수 있게 한다. 게다가, 부분적 회복 기간을 통해 피로관련 손상의 숫자가 줄어든다.

장시간–저속–장거리 LSD: Long Slow Distance

장기적인 목표들이 어떤 것이든지, 첫번째 단계는 항상 같다. 부상 후 재활을 하는 어린 동물이든 노령의 동물이든, 저강도 유산소 운동에 중점을 두어야 한다.

LSD 훈련은 훈련을 통한 발전이 매우 느리므로 특히 반려견의 체력 증진에 적합하다. 이 훈련의 목표는 동물이 장기간의 걷기, 속보, 뛰기가 가능하게끔 만드는 것이다. 동물이 그 단계에 도달하면, 더욱 구체적인 목표들을 설정할 수 있다.

근력과 근파워 향상을 위한 훈련
Training to gain strength and muscle power

이 목표에 도달하기 위해서는, 단시간(<2분)의 고강도 운동들이 요구된다. 이 유형의 훈련은 주로 주변부, 즉 근골격계에 효과를 보인다. 글리코겐과 완충제의 함량이 증가하는 동안 근섬유들은 두꺼워진다(또한 단백질 함유량이 높아진다)(그림 4).

어떤 동물의 속도를 향상시키기 위해서는, 가속 시 제일 먼저 피로해지는 등 근육을 강화하면서, 최대 강도에서 오르막길을 전력 질주시키는 것이 좋다. 전체적인 근력을 증가시키기 위해서는, 반려견이 무거운 것을 끌면서 달리게 해야 한다.

심폐지구력 향상을 위한 훈련
Training to gain cardiovascular endurance

이 목표를 달성하기 위해서는, 준최대 강도(< 최대 유산소 능력의 90%)로 장시간(> 2–4분)의 운동들이 요구된다. 이 유형의 운동들에는 장거리 달리기나 수영이 될 수 있다(**그림 5**). 이 유형의 훈련은 항상 근력 및 근파워 훈련과 병행해야 한다.

이 유형의 훈련은 유산소 능력을 향상시키고 근골격계의 에너지 소비를 더욱 효율적이게 만든다. 이것은 중추부(심혈관 및 폐)와 주변부(근골격계) 양쪽 모두에 효과를 보인다.

다친 동물의 훈련 및 운동 계획에 대해서는 제5장 운동요법과 스트레칭에서 다룬다.

그림 4. 최고 강도의 유산소 운동.

그림 5. 수영.

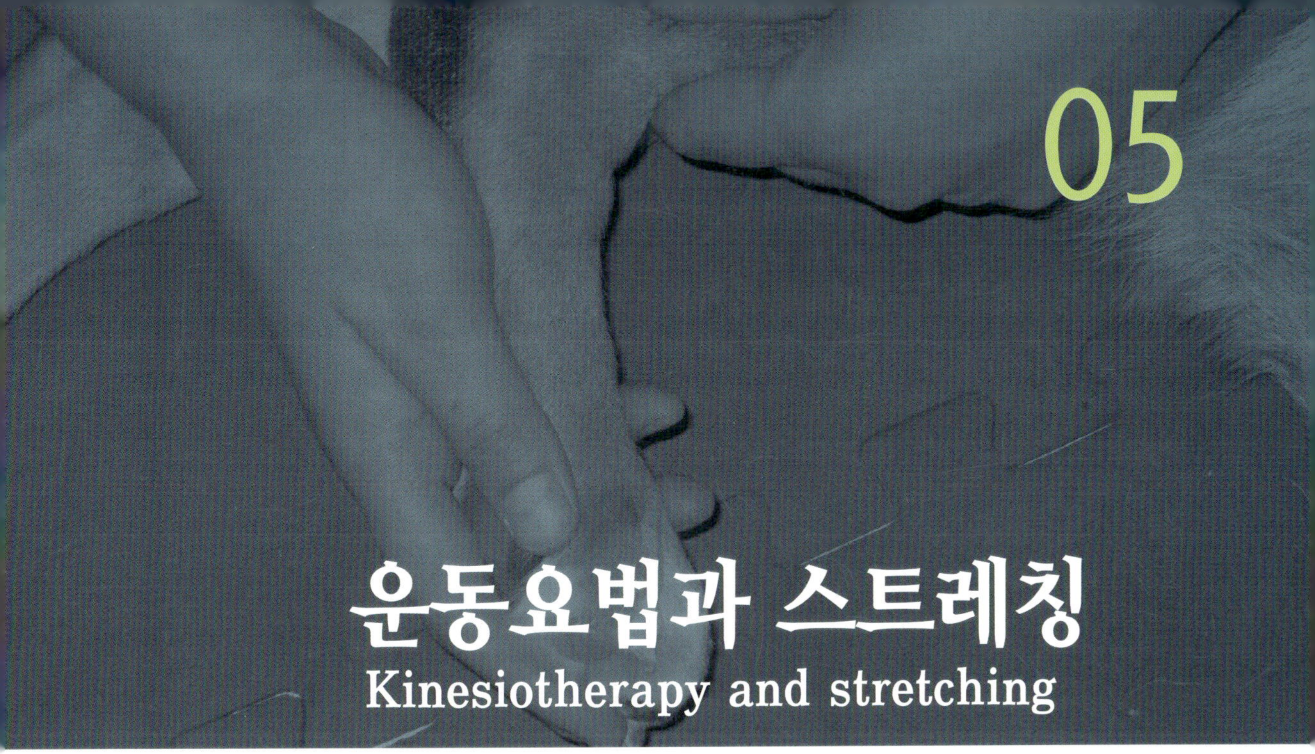

05

운동요법과 스트레칭

Kinesiotherapy and stretching

재활치료는 기능을 가능한 최고로 회복하기 위한 어떠한 행동방침이라 정의된다. 이것에는 물리치료가 운동 치료 또는 운동요법과 결합된 것이 있을 수 있다. 물리치료는 통증을 완화하고, 조직 복구와 치유를 향상시키는데 사용되지만, 운동을 대체할 수는 없다. 수많은 연구에서 조기의 제한적 운동은 손상된 조직의 치유를 자극하고 도우며, 유착의 발생을 줄이고 관절 가동성을 유지시킨다는 것이 입증되었다. 손상된 조직의 기능은 고정된 상태로 지낸 반려견보다 조기에 제한적 운동을 수행한 반려견에게서 더욱 빠르게 완치되었다.

부상 이후 불용(disuse)은 반려견이 일상 생활을 재개하기 전까지 육체적 상태와 신체 기능이 회복되지 않으면, 부상의 재발 또는 악화로 이어지거나 심지어 2차 병변들을 유발할 수 있는 육체적 상태와 신체 기능의 상실을 초래할 수 있다. 따라서, 고정은 올바른 치유를 달성하기 위해 필요한 기간 동안만 유지해야 하며, 이유 없이 장기화되어서는 안된다.

부상을 입은 모든 동물들은, 수술을 받았든지, 그리고 그 수술이 성공적이었든지에 관계없이 제한적 운동을 동반한 재활치료 기간을 가져야 한다. 집에서 할 수도 있고 재활치료 센터에서 할 수도 있지만, 프로그램은 반려견과 환경에 맞춰 조정되어야 한다.

부상과 치유하는 동안 손상된 조직의 불용으로 인한 보상적 변화(compensatory change)는 동작 패턴의 변화(예: 통증을 최소화하기 위해)와 구조들의 변화(힘이 그들에게 어떻게 충격을 주는지) 그리고, 일반적으로 근골격계 사용 방식의 불균형을 유발한다(**그림 1**). 불균형은 보상(compensation)으로 인한 2차 병변들로 이어지고 또한 반사 운동의 신경학적 패턴의 변화로 이어진다. 심지어 손상된 조직이 치유될 때에도, 최초의 부상이 재발하기 쉽거나 운동 이상이 교정되지 않으면 2차 병변들이 절대로 없어지지 않는다. 보행의 재교육이나 교정을 위한 특별한 운동 루틴이 사용되어야지만 동물의 최대 기능 회복이 가능하다.

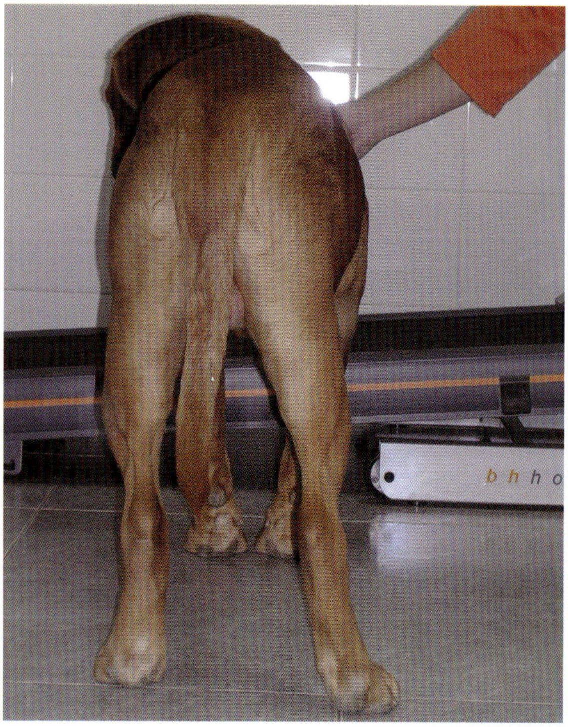

그림 1.
박리뼈연골염(osteochondritis dissecans)과 엉덩이의 형성이상(hip dysplasia)을 가진 반려견의 자세.

운동요법
Kinesiotherapy

운동요법이라는 단어는 2개의 그리스어 단어에서 유래한다: "kinesis"(움직임)과 "terapia"(치료) 그리고 능동/수동 운동 및 움직임을 통한 치료로 정의될 수 있다. 운동요법과 스트레칭은 수술 후 관절, 인대, 힘줄, 근육의 가동성을 향상시키거나 만성병력(예: 관절염)이 있는 반려견들에게 도움이 되는 중요한 방법이다.

운동요법과 스트레칭은 또한 다음의 상황들에 도움이 된다:

- 유연성 강화
- 유착 예방
- 관절주위 섬유증의 재형성
- 근육들과 다른 물렁 조직들의 탄성 향상(추후 발생 가능한 병변들의 예방)
- 근력, 저항력, 근육량 회복
- 고유감각 재건
- 심혈관 저항성 향상

모든 유형의 운동요법은 움직일 때 보다 심한 통증, 추가적 병변들, 불안정함이 생기는 반려견들에게 금지된다, 예: 불안정 골절, 불안정한 인대 또는 힘줄 병변들, 급성 염증 과정 등.

집도의와의 원활한 의사 소통은 치유 조직이 감당하지 못해 추가적인 손상으로 이어질 수 있는 정도가 아닌 적절한 운동요법을 적용하는 것을 확인하기 위해 중요하다.

조기 운동요법은 반려견과 부상 유형에 적합하면 대부분 유용하다. 이 운동을 할 때 반려견이 통증을 느끼지 않는 방법이어야 한다.

운동요법 분류

- 수동
- 능동 보조
- 능동 저항
- 자유 능동

수동 운동요법

Passive kinesiotherapy

수동 운동요법은 치료사가 가하는 외력을 사용하여 능동 근육 수축이 배제된 관절 가동술로 이뤄진다. 움직임의 끝에서 압박을 가하면, 이 운동요법은 스트레칭이 된다.

수동 운동요법은 반려견이 자신의 관절을 움직이지 못할 때마다, 또는 능동 관절 운동이 역효과를 낳을 수 있어서 금지될 때 사용한다. 때때로, 수동 운동요법은 불안을 느끼는 반려견들을 안심시키는 데 사용된다.

운동요법은 수술 후 그리고 해당 조직에 능동적인 부하가 발생하기 전에 적용한다:

- 관절 구축과 물렁 조직의 단축을 예방하는 데 도움이 된다.
- 조직들 간의 유착을 예방한다.
- 통증을 완화한다.
- 혈류와 림프의 흐름을 향상시킨다.
- 분비물과 윤활액의 확산을 증가시킨다.

수동 운동요법은 마비반려견들에게 관절 구축과 물렁 조직 단축을 예방하기 위해서도 사용된다.

이러한 수동 운동들은 근육량, 근력, 저항력을 향상시키지 않는다는 것을 유의하라.

다른 치료법들과 마찬가지로, 적절한 기법이 사용되어야 한다. 반려견은 긴장을 풀고 편안함을 느껴야 한다. 통증을 유발하고 어떠한 능동적 움직임도 유발하지 않도록 매우 조심히 그리고 부드러워야 한다.

반려견이 옆으로 누워있는 상태에서, 다친 관절의 몸쪽 뼈와 먼쪽 뼈를 붙잡아라. 움직임은 부드럽고, 느리고, 안정적이어야 하며, 몸쪽 부분이 고정된 상태에서 항상 움직이는 부분은 먼쪽 끝이어야 한다(**그림 2-13**). 통증을 유발시키면 안된다; 만약 통증이 발생하면, 기법을 변경해야 한다.

인대 파열, 골절, 윤활액의 갑작스러운 심한 손실로 인한 물렁 조직이나 관절의 과잉 이완증 같은 급성 손상(acute injury)의 경우와 같이, 관절에 통증이 극심할 때 수동 운동요법을 사용해서는 안된다.

그림 2.
수동 운동요법: 뒷발목뼈 굽힘.

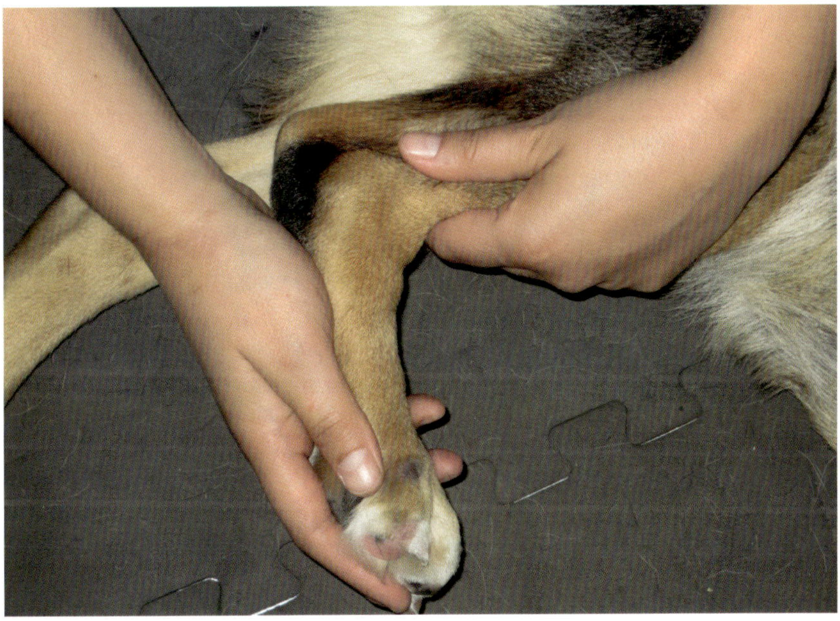

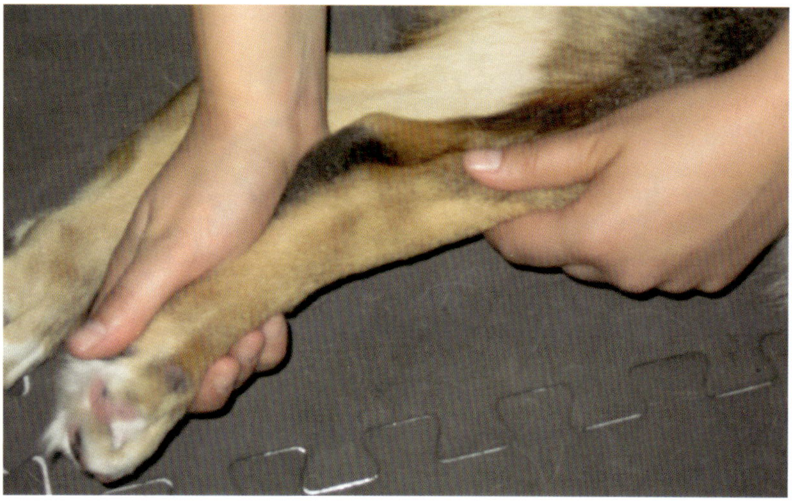

그림 3. 수동 운동 요법. 뒷발목뼈 폄.

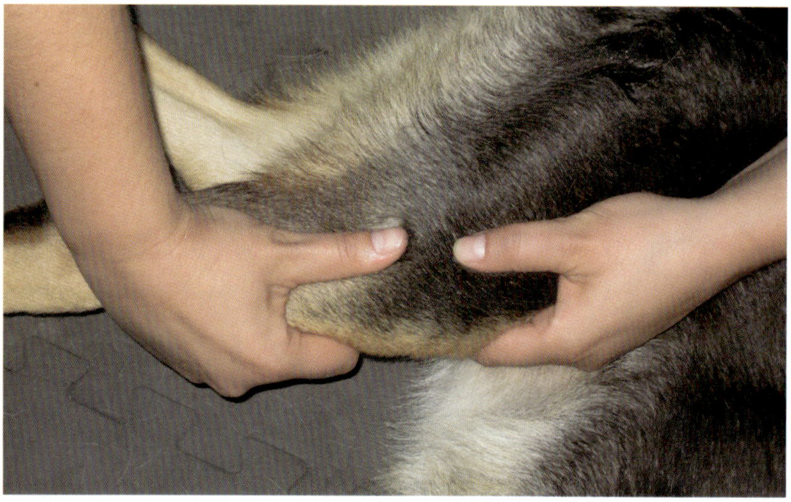

그림 4. 수동 운동 요법. 뒷무릎관절 폄.

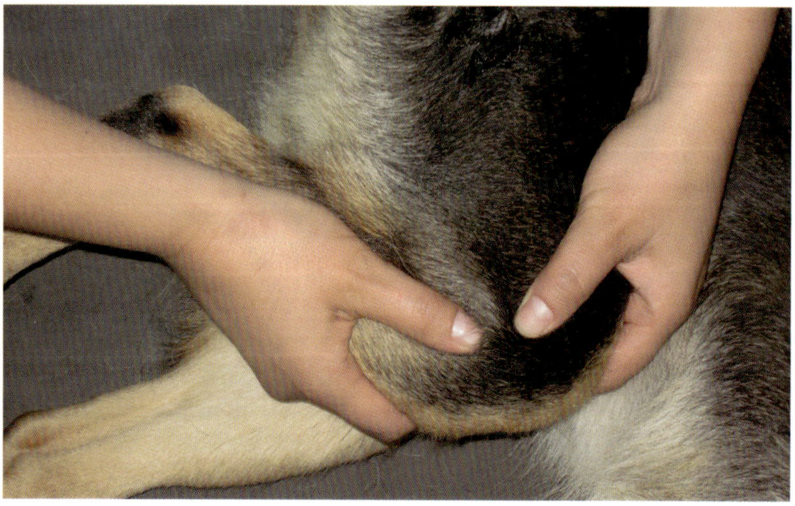

그림 5. 수동 운동 요법. 뒷무릎관절 굽힘.

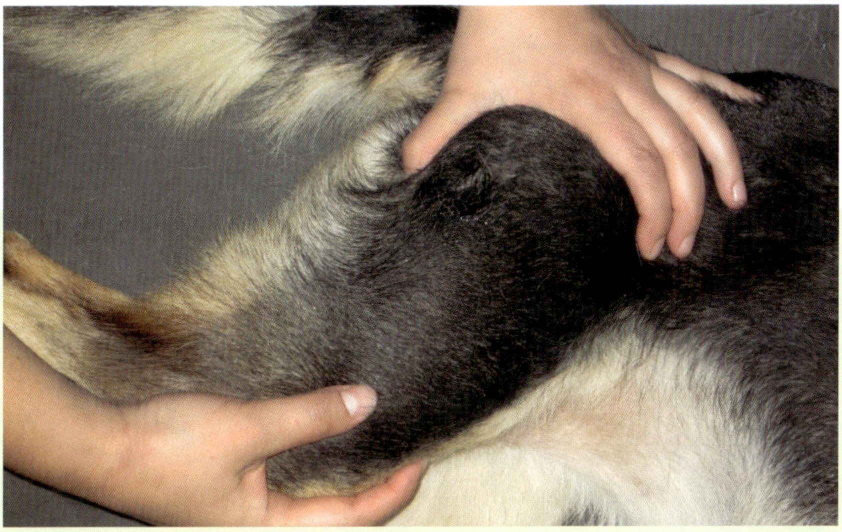

그림 6. 수동 운동 요법. 엉덩관절 폄.

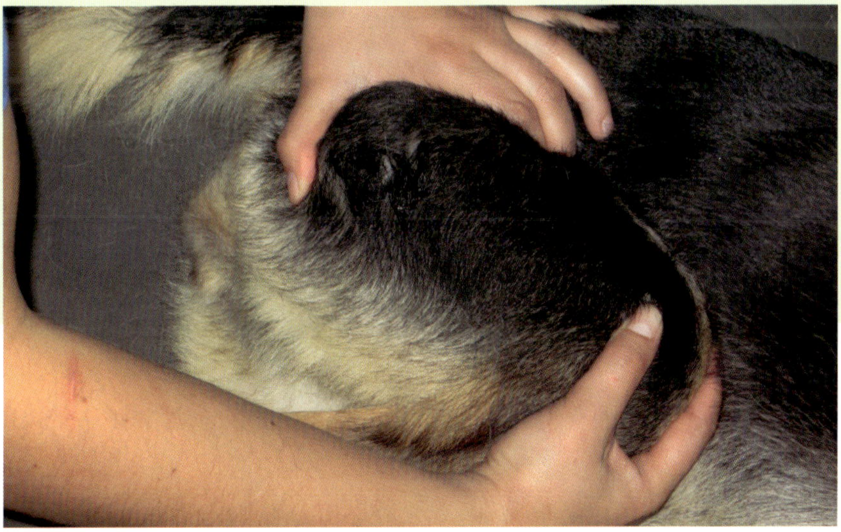

그림 7. 수동 운동 요법. 엉덩관절 굽힘.

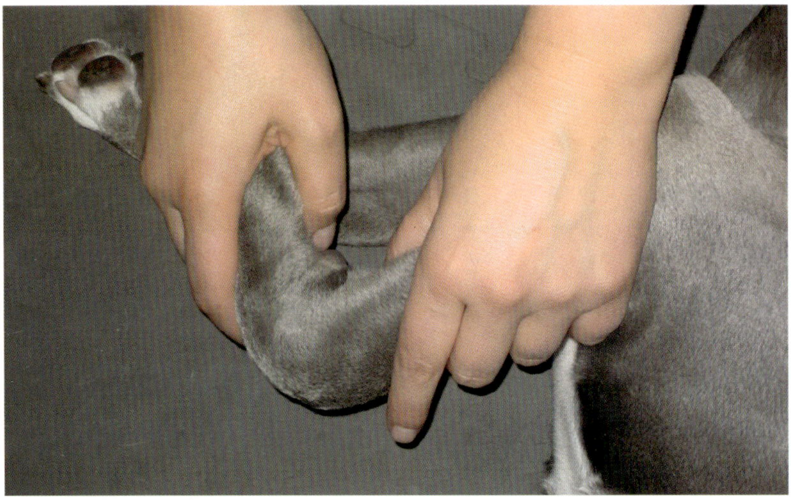

그림 8. 수동 운동 요법. 앞발목 굽힘.

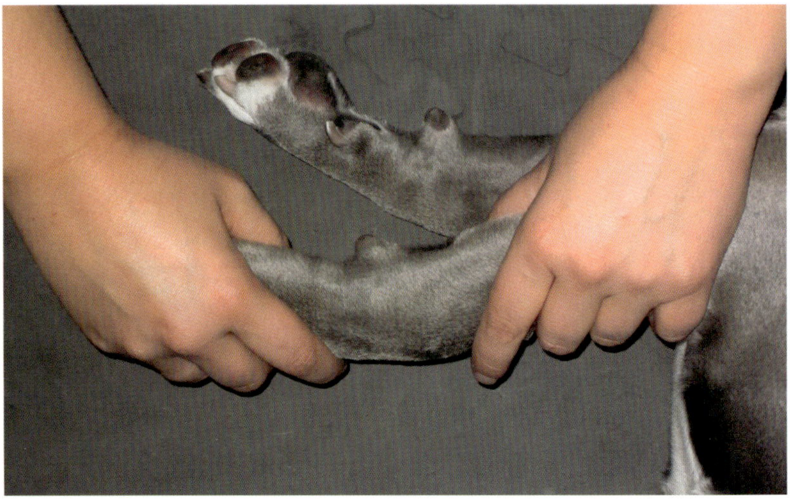

그림 9. 수동 운동 요법. 앞발목 폄.

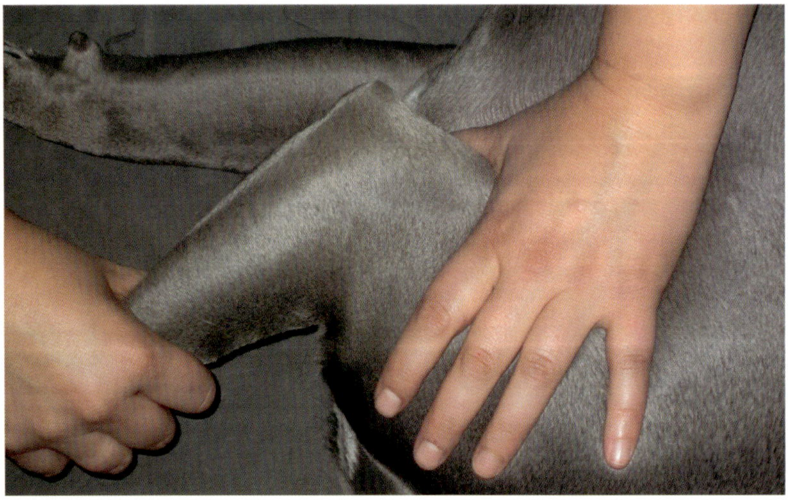

그림 10. 수동 운동 요법. 앞발꿈치 굽힘.

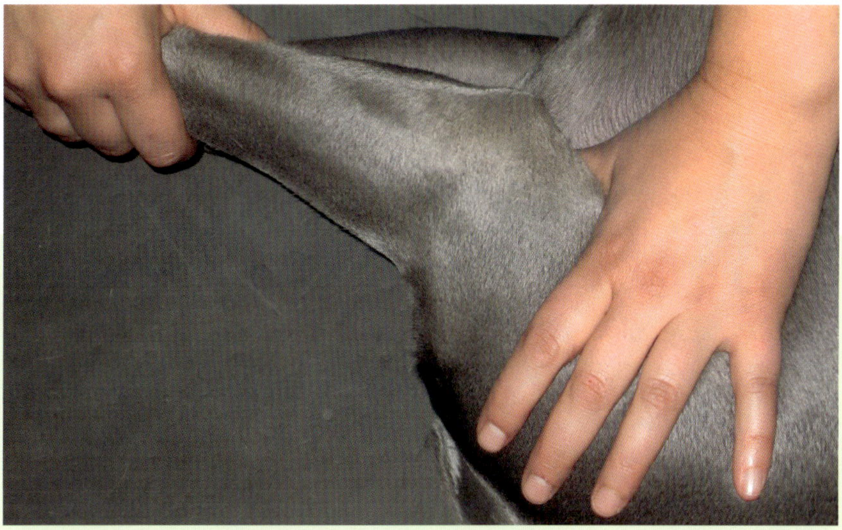

그림 11. 수동 운동 요법. 앞발꿈치 폄.

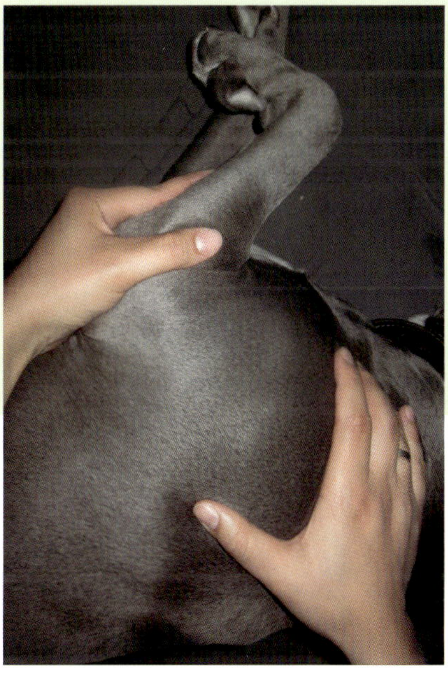

그림 12. 어깨관절 굽힘.

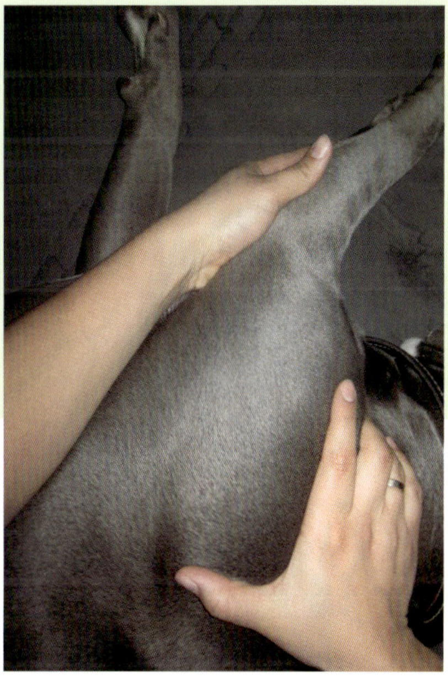

그림 13. 수동 운동 요법. 어깨관절 폄.

능동 보조 운동요법 Active assisted kinesiotherapy

능동 보조 운동요법(active assisted kinesiotherapy)은 재활치료를 하는 동안 관절의 점진적인 관절 가동술 다음의 단계이다. 이 운동요법은 극심한 근긴장을 유발해서 운동 범위가 줄어드는 반려견들 또는 정신적 장애로 인해 움직이기 위해 보조가 필요한 반려견들에게 필요하다.

이 운동요법은 땅, 트레드밀, 수중(수중 트레드밀)에서 서있거나 걷는 동물들에게 사용될 수 있다. 치료사는 해당 동물을 손이나 몸 또는 공, 호이스트(hoist), 슬링(sling) 등 보조기구를 사용하여 스스로가 지탱할 수 있게끔 하거나 걷는 동안 사지를 움직일 수 있게 도와준다(**그림 14과 그림 15**).

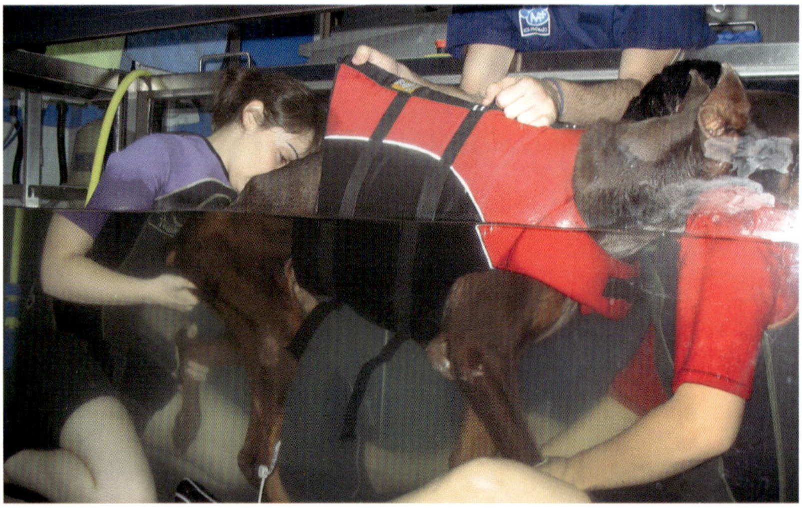

그림 14. 반려견이 수중 트레드밀에서 운동하는 동안 보조받는 모습.

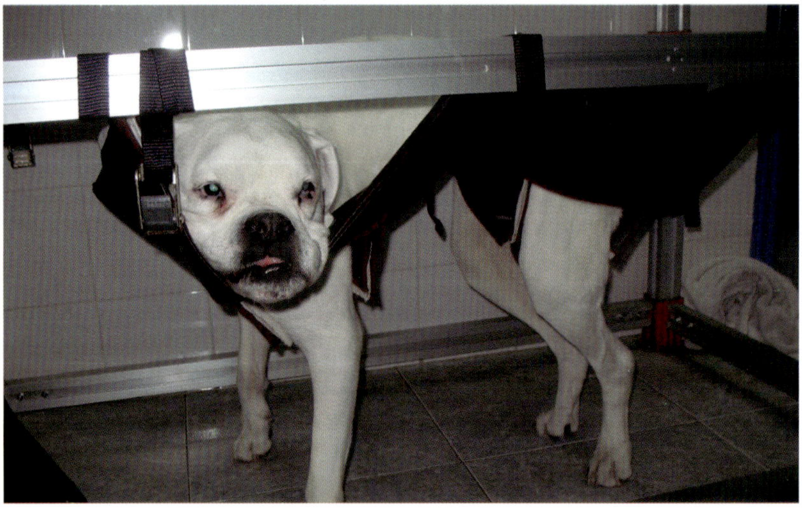

그림 15. 보조를 받는 네발지지 자세.

능동, 능동 저항과 자유 능동 운동요법

Active, active resistive and free active kinesiotherapy

능동 운동요법은 근육의 능동 수축에 의해 수행되는 관절 운동으로 정의된다. 능동 운동 범위는 관절 운동이 상대적으로 제한되거나 움직임을 확장하고 완전한 운동 범위를 얻을 수 있도록(예: 수중 트레드밀 위에서의 수 치료법) 설계된 특별한 조건 하에서, 일반적으로 걷는 동안 얻어질 수 있다. 능동 운동요법은 장소에 구애를 받지 않을 수 있으며, 이것은 반려견이 집에서 그 운동을 수행할 수 있다는 것을 의미하지만, 보호자는 추후 발생 가능한 병변들을 예방하기 위해 운동을 올바르게 수행하는 방법을 배워야 한다.

능동 저항 운동요법을 실시하는 동안, 이 요법의 실시를 어렵게 하거나 심지어 운동을 수행하기 불가능하게 하는 외력이 서있거나 움직이는 반려견에게 가해진다. 이 힘은 체중을 이용하거나 저항력을 유발한 다른 수단(수중 트레드밀에서 분사되는 물을 거슬러 걷기)을 이용, 무거운 물체를 옮기거나 무거운 것을 끄는 것, 지면 또는 환경의 변화(예: 수중)와 같은 특별한 조건을 통해 작용된다**(그림 16과 그림 17)**.

반려견이 관절의 굽힘과 폄을 계속해서 호전시킬 때, 가능한 가장 넓은 운동 범위를 달성할 수 있게 수동 운동요법과 스트레칭을 계속해야 한다(예: 관절염). 모든 재활치료 프로그램에서 수동 운동, 능동 보조 운동, 능동 저항운동, 자유 운동 사이의 전환이 필요하게 된다.

능동 운동요법은 관절굳음증(ankyloses), 최근의 골절, 급성 염증, 추간판 탈출증의 반려견들에게 조심해서 사용되어야 하고, 심지어 사용이 금지될 수 있다(먼저 전문가와 함께 확인).

능동 운동요법의 목표

- 통증이 없는 능동 운동 범위의 향상
- 근육량과 근력 향상
- 고유감각 재건
- 균형감각과 협동능력 향상
- 일상 생활의 동작 수행능력 향상
- 유산소 능력 향상(심혈관 저항력)
- 추후 발생 가능한 병변들 예방
- 체중 감소
- 절뚝거림 감소

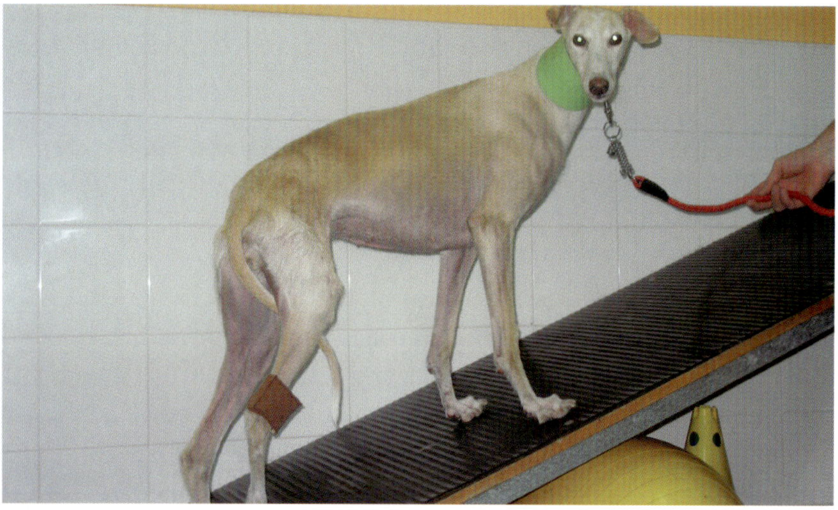

그림 16. 운동하는 동안 체중이 가해짐.

그림 17. 물은 움직이는데 있어 저항력을 제공한다.

운동의 종류 Types of exercise

다음 부분에서는, 운동들의 몇 가지 예가 소개된다. 그것들 중 몇 가지는 명확하게 정의되어 있지만, 모든 반려견이 같은 운동들을 수행하거나 같은 방법으로 운동을 수행할 수 없기 때문에, 운동 프로그램을 계획 할 때 창의력이 필요하다. 어떤 부분을 운동시켜야 하는지를 알고 그에 맞춰 운동을 계획하는 것이 가장 중요하다.

보조기(슬링)를 이용해 서있는 상태에서의 운동

이 운동을 위해, 반려견은 네 다리로 땅 위에 서있는 채로 들어올려지고, 이 자세를 하루에 여러 차례로 몇 분 동안 유지한다(**그림 18**). 가능한 방법들은 다음과 같다:

- 최대한의 보조를 받으며 네 다리로 서있는 자세(치료사가 반려견의 체중 75-100%를 지지한다).
- 능동적 보조 상태로 네 다리를 이용해 서있는 자세(치료사가 반려견의 체중 < 75%을 지지한다).
- 치료용 공 또는 다른 보조 방법을 이용하여 네 다리로 서있는 자세.

그림 18. 네 다리를 이용한 자세로 서있는 운동을 수행하는 동안의 보조.

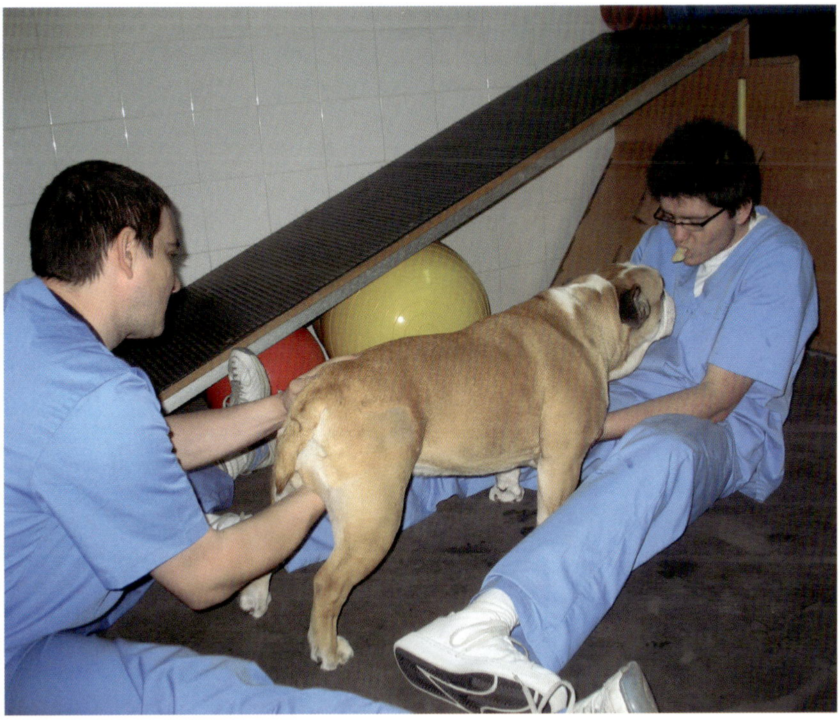

고유감각 운동들

균형감각, 협동능력, 근력, 체중 이동에 대한 운동에는 수많은 유형의 운동들이 있다:

- **단순 사선 하중 교대:** 사지를 바닥에 디딘 채로, 한번에 하나의 다리 또는 대각선의 두 다리를 대상으로, 각 다리는 들어올려지고 몇 초간 공중에서 받쳐진다. 이 운동은 보조를 받을수도 있고 안 받을수도 있다(**그림 19**).
- **바닥 또는 다른 지면에서의 균형 잡기:** 서있는 동물에게 여러 방향으로 동물의 체중을 옮기고 스스로 정상적인 자세로 돌아오게 한다. 지면을 변경하는 것으로 고유감각을 운동시키게 되고, 지면이 불안정하면 이 운동을 통해 균형감각 역시 향상될 것이다.
- **흔들림 보드:** 이것은 동물이 측면과 전방으로의 균형을 잡도록 하고 인대와 힘줄 강화에 매우 유용하며, 고유감각을 운동하는 데 좋다(**그림 20**).
- **균형 보드:** 프리먼 보드(freeman board)와 아주 유사하지만, 이 보드 위에서는 세 가지 축(x, y, z)을 따라 움직인다(**그림 21**).
- **치료용 공을 이용한 운동들:** 치료용 공과 "피넛 볼 peanut ball"은 균형을 잡고 있거나 흔들거리고 있는 반려견에게 고유감각 운동과 균형감각 운동을 위한 지지점으로 사용될 수 있다(**그림 22과 그림 23**).

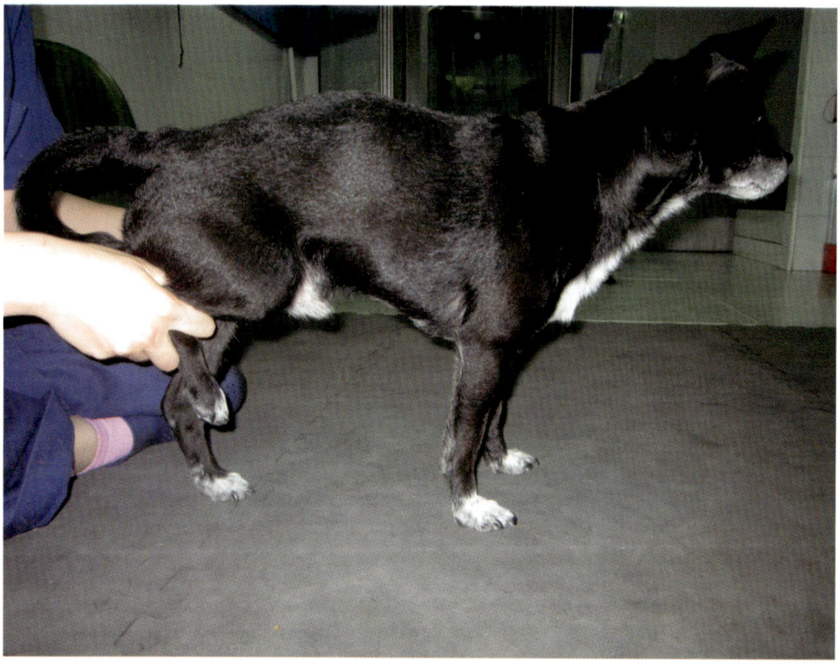

그림 19.
하중 교대.

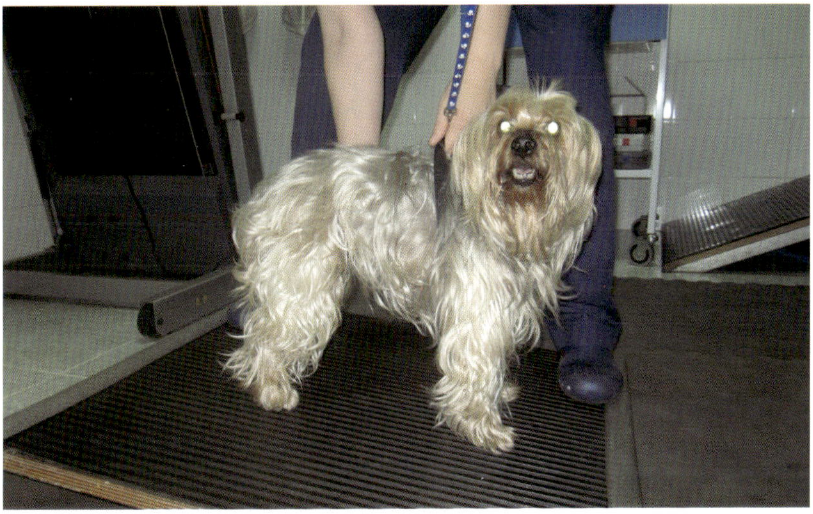

그림 20. 프리먼 보드에서의 균형감각 운동.

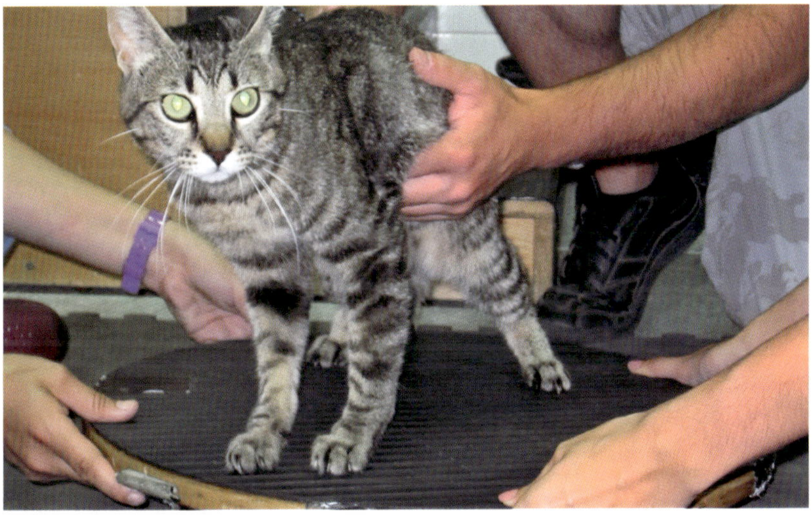

그림 21. 볼러 보드(Bohler board) 위에서 균형감각 운동 중인 범백혈구감소증(panleukopenia) 반려묘

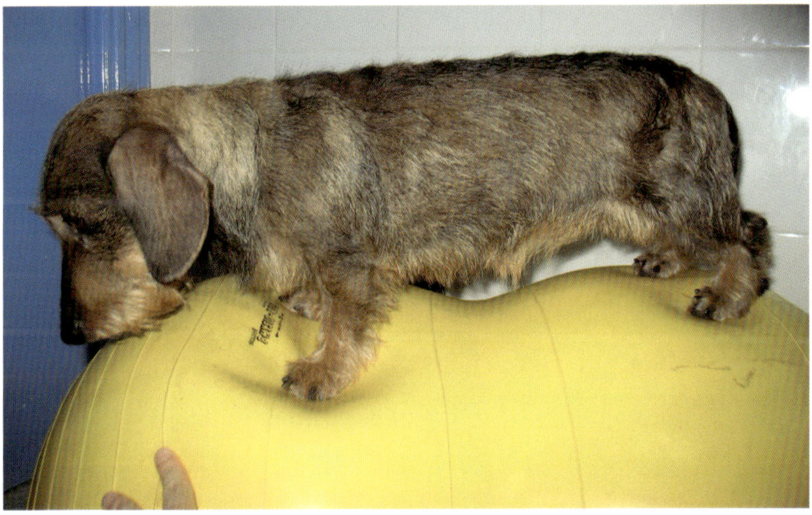

그림 22. 치료용 "피넛 볼"위에서의 운동.

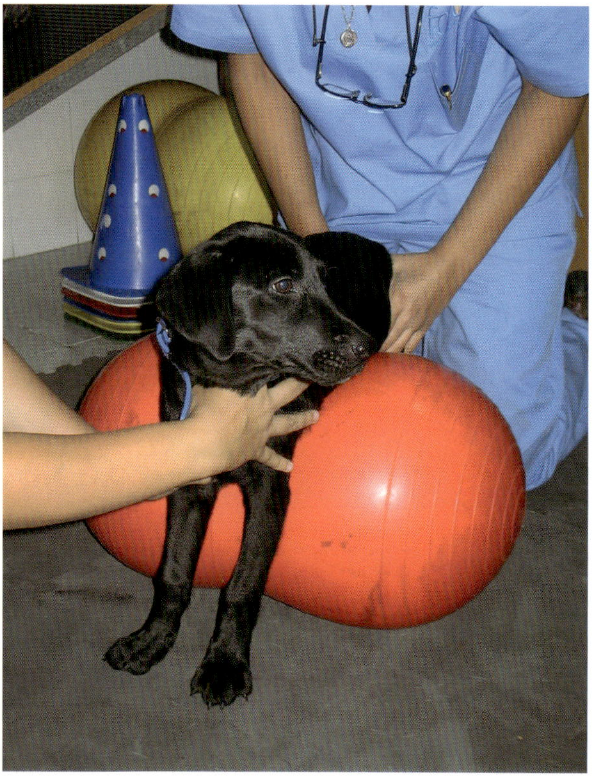

그림 23. 치료용 “피넛 볼” 위에서의 운동.

보조 보행 운동들/보행 재교육

운동의 유형과 관계없이, 항상 슬링, 타월, 특별 휠체어의 보조와 함께 수행해야 한다(**그림 24**).

보행 운동들

반려견은 독자적으로 움직인다. 운동들에는 다음과 같은 것들이 있다:

- 목줄의 인도를 따라 걷기
- 직선 또는 슬라럼(slalom) 코스의 오르막길과 내리막길 걷기
- 폼 고무(foam rubber), 공기 매트리스(air mattress), 그밖의 불안정한 지면 위에서 걷기
- 계단을 오르내리며 걷기(느리게, 한걸음씩)
- 트레드밀(**그림 25**)
- 춤추기(dancing)와 앞다리로 걷기(wheelbarrow walking) (뒷다리나 앞다리로 체중 지지) (**그림 26과 그림 27**)

- 목줄의 인도를 따라 조깅(속보)
- 무릎 굽히기**(그림 28)**
- 장애물 넘기(cavaletti) (전완의 길이 1/3 이하에 오는 높이의 평행한 가로 장애물들) **(그림 29)**
- 모래 및 눈 위 또는 키가 큰 풀을 헤치며 걷기
- 슬라럼 또는 8자 모양(최소 해당 동물의 몸 길이 이상의 거리에 놓인 수직 장애물들) **(그림 30)**
- 터널
- 무거운 물체를 끄는 운동 또는 중량을 메고 걷기
- 제한적 공 놀이(항상 공을 굴리거나, 부상을 유발할 수 있는 점프나 급선회를 방지하기 위해 최소한 동물의 머리 위로 던지지 말아야 한다)

그림 24. 반려견의 가동성을 향상시키기 위해 보조기를 사용할 수 있다.

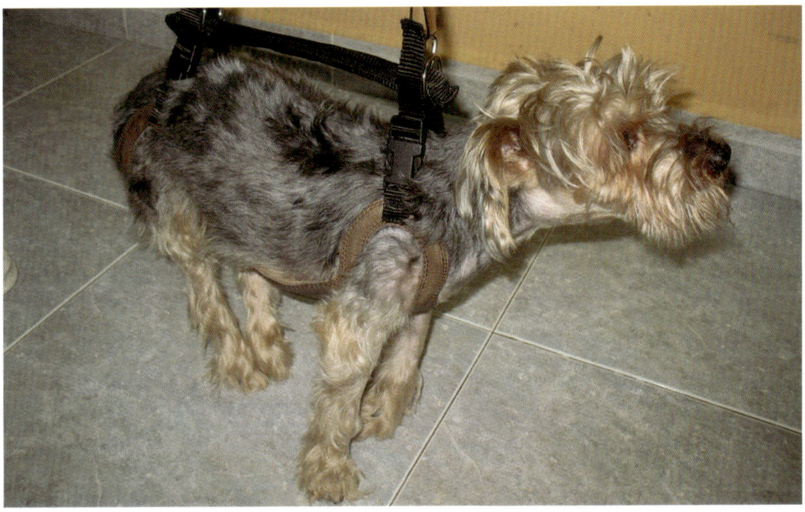

그림 25. 트레드밀 위에서 걷기.

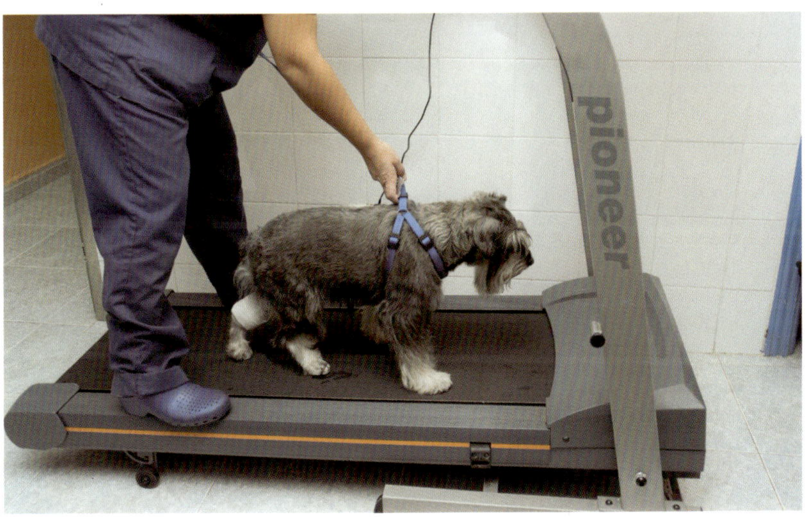

그림 26.
뒷다리를 이용한 '춤추기 Dancing'.

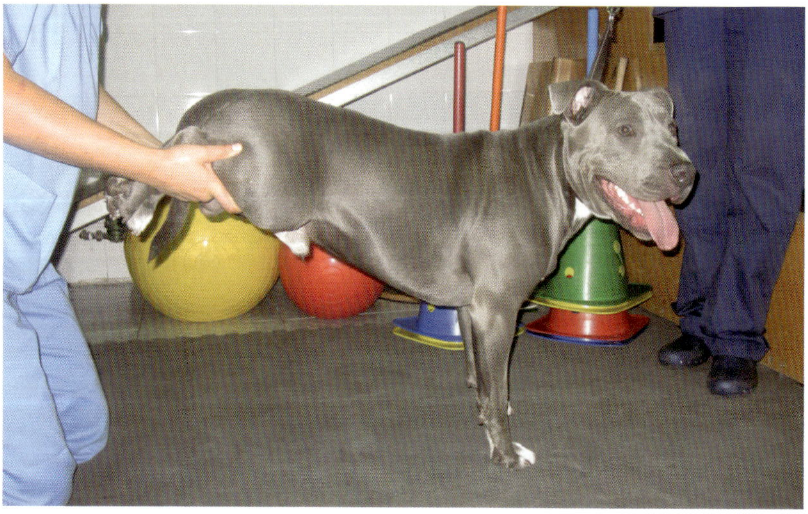

그림 27. 앞다리로 걷기(wheelbarrow walking).

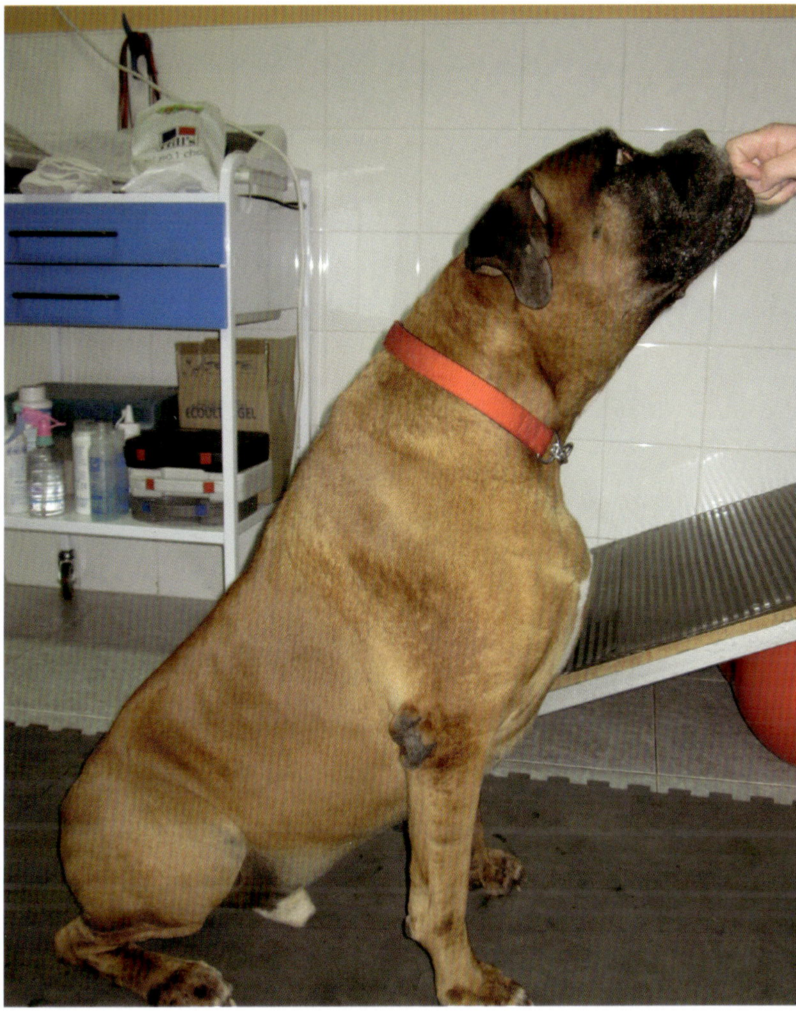

그림 28. 무릎 굽히기 운동.

그림 29. 장애물 넘기(cavaletti) 운동은 관절 가동성을 향상 시키고 보행 재교육에 도움이 된다.

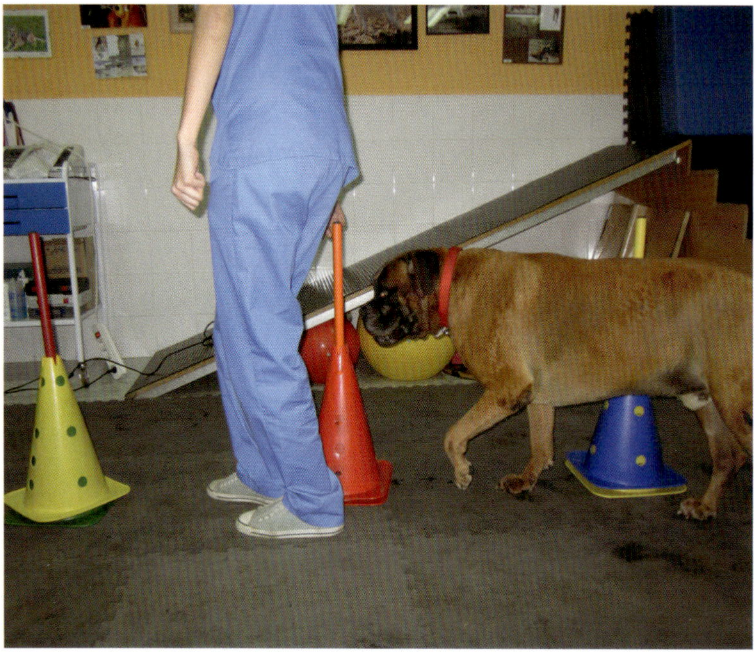

그림 30. 슬라럼(slaloming)은 등 유연성을 향상시킨다.

운동 계획을 수립하는 방법? How to set up an exercise plan?

재활치료 프로그램 안에 수동 운동, 능동 운동, 스트레칭 운동을 계획할 때, 제일 먼저 목표를 설정해야 한다. 이 운동들은 3가지 기본 사항들을 다뤄야 한다:

1] 구체적 병변에 대한 재활치료

2] 신체 전반의 유연성

3] 신체 전반의 상태와 근력

운동요법 계획은 다른 요소들 또한 고려해야 한다:

- 병변의 진단
- 치유의 유형
- 손상된 구조들
- 조직 회복의 현재 단계와 현재 나타난 기능 제한
- 반려견(반려견의 기량)과 주변의 현재 상황

치료사들은 대개 어떤 운동이 최선인지, 또는 최소한, 반려견에게 가장 적합한 운동이 무엇인지 궁금해한다. 무탈하게 수행할 수 있고 또한 치료 목표를 달성할 수 있는 것을 적합한 운동이라 한다.

운동요법 계획의 목표들

- 추가적인 손상을 유발하지 않는 선에서의 치유를 하는 동안 환부의 육체적 상태 유지.
- 부상과 치료 후 근력과 환부 조직들의 구조 회복.
- 근력, 협동능력, 저항력 향상을 위한 전신 체력 단련; 이를 통해 2차적 생체역학 변화들을 상쇄.

운동 계획은 동적이고 반려견의 경과에 따라 다르다. 그러므로 운동 계획은 지속적으로 재평가되어야 한다.

운동의 강도는 운동 시간, 운동 빈도, 운동 속도에 따라 달라질 수 있다. 선택은 반려견과 상황에 따라 다르다.

운동 후 동물의 상태가 악화되거나, 운동이 통증 또는 추가적인 파행을 유발하면, 3-7일 동안 운동을 중단해야 하고, 50%의 강도로 다시 시작해야 한다. 이 후에, 매주 20%씩 강도를 올릴 수 있다.

스트레칭 Stretching

스트레칭은 병리학적 단축 이후 조직을 늘리고, 정상 조직 및 비정상 조직에서 유연성과 움직임의 범위를 증가시키는 기능을 한다. 수동 운동요법과 다르게 스트레칭은 조직들을 정상 운동 범위를 넘어서게 한다. 스트레칭은 관절의 유연성 및 관절 주위 조직, 근육, 힘줄의 능력을 향상시키기 위해 대개 수동 운동요법과 병용한다.

조직들의 적응성 단축(adaptive shortening)을 유발하고 스트레칭에 대한 반응이 좋은 수많은 장애가 있다, 예:

- 부동(immobilization)
- 감소된 운동성(예: 관절염)
- 병변과 관절 주위 조직의 섬유증
- 신경학적 장애(특정 신경수용체들이 활성화된 상태)

스트레칭의 사용유무를 결정하기 전에, 감소된 운동 범위의 원인을 추정해야 한다; 예를 들어, 뼈가 원인일 경우, 관절증으로, 근육이 원인일 경우, 구축으로 추정한다.

스트레칭의 종류 Types of stretching

1] 정적 스트레칭: 관절을 최대한으로 굽히거나 피는 방향으로 사용하여, 당긴 후 당긴 상태를 15-30초간 유지한다.
2] 장기간의 정적 스트레칭: 이 스트레칭을 위해 부목이 사용될 수 있으며, 신장이 이뤄지는 시간 동안 해당 위치에 둔다.
3] 탄성 스트레칭("반동 bouncing"): 이 유형의 스트레칭은 방추속근섬유를 활성화하고 근육의 단축을 유발할 수 있기 때문에, 조심스럽게 사용되어야 한다. 이 스트레칭은 운동 전 사용될 수 있다: 도그 어질리티(dog agility), 개 경주(dog race).
4] 느린 스트레칭: 준비 운동으로 사용된다. 지속적인 움직임으로, 물렁 조직들을 그들의 운동 범위 내내 사용하지만, 평소보다 더욱 느리게 움직인다.

정적 스트레칭은 재활치료 병원에서 가장 흔히 사용되는 유형이다. 이 스트레칭은 준비 운동을 위한 저충격 운동 또는 결합 조직들의 탄성을 이완시키고 증가시키기 위해서 열을 발생시키는(초음파 치료, **그림 31**) 수동 기법으로 시작한다. 이 기법을 위해 반려견을 쿠션이나 편안한 장소에 옆으로 눕히는 것이 필수적이다. 다리를 굽히는 것으로 시작하여, 한 손은 관절의 몸쪽에 다른 손은 먼쪽에 위치시킨다. 몸쪽 부분이 고정되는 동안, 먼쪽 부분은 운동 범위의 끝으로 이동시켜서 15-30초간 유지한다, 그 후 다리를 시작 위치로 복귀시킨다(**그림 32-33**). 스트레칭은 약간의 불편함을 유발할 순 있지만 참을 수 없는 통증을 발생시켜서는 안된다.

하나 또는 다수의 관절들을 동시간에 스트레칭 하는 것이 가능하다. 스트레칭의 빈도는 반려견에 따라 다르지만, 일반적으로 운동 범위의 뚜렷한 감소가 존재할 경우 2–4회의 일일 치료세션이 권장된다. 눈에 띄는 향상을 보이기까지는 대략 2주가 필요하다.

운동 전에 인대와 힘줄을 최대 길이로 늘리는 것은 2차 병변들을 유발할 수 있는 육체적이고 신경학적인 상태가 되게 하는 것은 논리적으로 보이지만, 운동 전 정적 스트레칭을 하는 것에 대해서는 논란의 여지가 있다. 따라서, 이 유형의 스트레칭은 보통 운동 후에 권고된다.

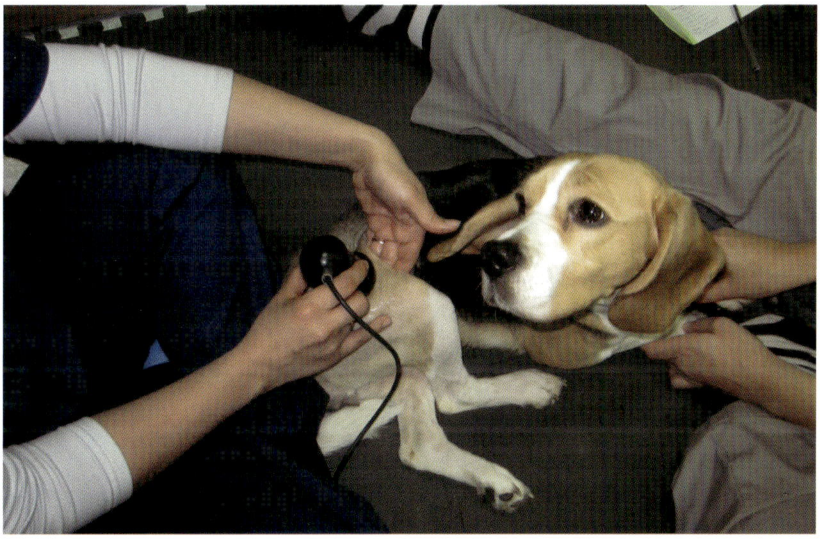

그림 31. 초음파 치료를 사용하여 스트레칭을 하기 위한 해당 부위의 준비 운동.

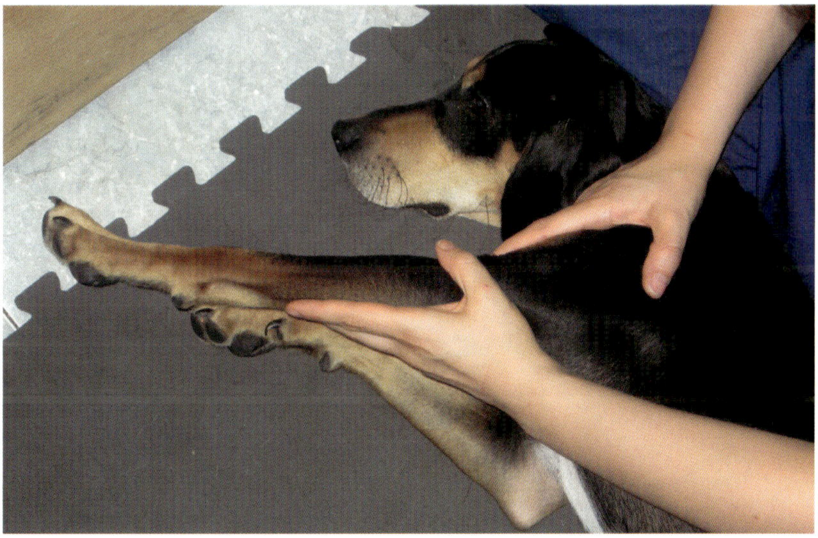

그림 32. 앞다리 스트레칭.

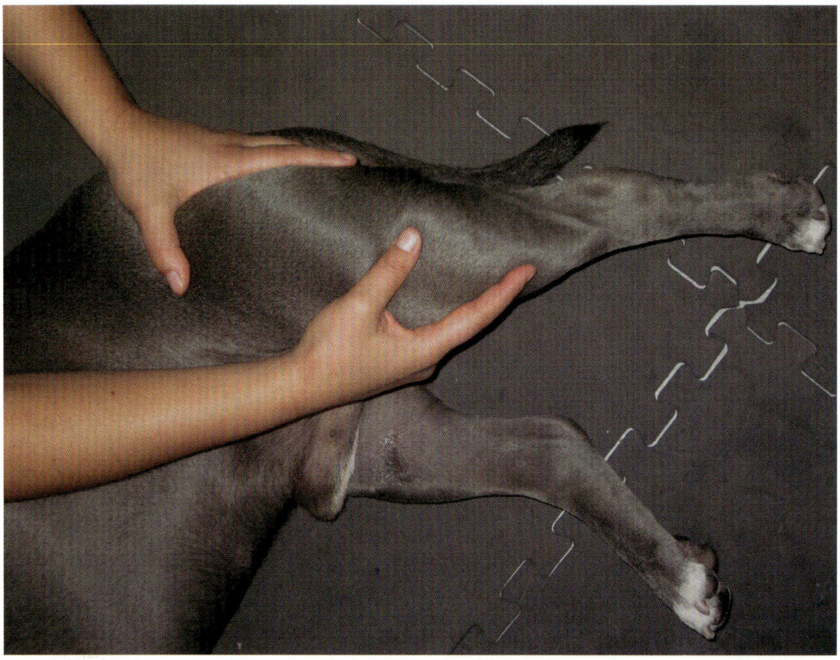

그림 33. 뒷다리 스트레칭.

스트레칭에 대한 적응증

- 근육 구축
- 흉터 조직
- 줄어든 인대
- 관절 불일치
- 생체역학적 변화
- 염증
- 부종
- 관절 삼출
- 유착
- 심유증

스트레칭에 대한 금기증

- 외과적 수술 또는 외상으로 인한 뼈의 고정이 유발하는 운동 범위의 손실
- 급성 염증 또는 외상
- 골절 또는 탈구
- 저하된 신경 기능
- 유착 또는 구축이 관절을 고정시킬 때

06

재활치료에서의 표층 한랭치료와 온열치료
Superficial application of cold and heat in rehabilitation

표층의 냉원과 열원을 사용하는 것은 새로운 것이 아니다; 수 세기동안, 두 치료법 모두 통증의 완화, 치유와 관련된 생리적 과정의 변화, 결합조직(근육, 힘줄, 인대, 관절주머니)의 가소성에 영향을 주기 위해 물렁 조직과 관절의 부상을 치료하는 데 사용되어 왔다. 온열치료와 한랭치료의 좋은 예는 로마 목욕탕이다.

표층 한랭치료법의 사용
Use of superficial cold therapy

표층 냉동치료법(cryotherapy)은 어떠한 조직에 대한 냉암법으로 구성된다. 표층(superficial)이라는 용어는 대략 1cm의 깊이로 한기가 전달되는 것을 뜻한다. 냉각 치료법은 예를 들어, 염증의 급성 단계에서와 같이 돌발적이든 의도적(외과적 수술)이든 외상 직후 사용했을 때 가장 효과적이다.

냉동치료법은 조직의 치유 과정에서 대개 외상 후 24-72시간 내에 일어나는 증식기(복구 단계)에 이를 때까지 계속되어야 한다.

한랭치료법의 적용은 반려견을 서로 다른 4가지 단계들로 이끈다:

1] 차가운 느낌
2] 타는 듯한 느낌
3] 통증을 느낌
4] 마비된 느낌

반려견은 냉동치료법이 진통 효과와 항염 효과를 발휘하기 위해 이 4가지 단계를 거치는 것이 필요하다. 사람의 경우, 이 단계들을 완전히 지각하기 때문에, 상당히 쉽다; 하지만 동물병원에서는, 동물들이 타는 듯한 느낌이나 통증을 느낄 때 도망치려 하기 때문에, 이 처치가 쉽지 않고, 이는 냉동치료법의 효과를 감소시킬 것이다.

몇몇의 연구에 따르면, 한랭치료를 적용한 즉시 사용된 유형(아이스 팩 또는 냉각 겔 팩)에 상관없이 표면 온도는 감소하고, 사람을 대상으로 대략 30분이면 최대 효과에 도달한다. 냉원을 제거한 후, 표면 온도는 빠르게 상승하지만, 60분 후 처음의 온도까지만 증가한다.

이러한 연구들은 치료법 적용의 길이에 대한 중요성을 이해하는 데 도움을 준다. 외과적 수술이나 외상 이후, 부상 이후 처음 4시간 동안 매 시간마다 20–30분씩 반려견에게 냉찜질을 해도 된다; 이 방법에서, 조직에 낮은 온도를 유지시키고, 염증과 통증을 최소화한다. 외과적 수술을 받은 반려견은, 냉찜질을 하기 전에 체온이 상승하고 있을 것이다. 이 시작 기간 이후, 반려견이 부상 후 처음 몇 시간동안 보이지 않으면, 반려견과 병변에 따라, 하루에 3–6차례씩 15–30분간 냉찜질을 해도 된다.

표층 한랭치료법을 적용하기 위한 여러가지 방법들이 있다: 아이스 팩, 냉동 겔 팩(**그림 1**), 찬물에 적신 수건, 심지어 민간요법으로, 꽁꽁 얼린 콩이나 옥수수 백. 치료할 부위(크기, 깊이, 모양, 사용된 치료법)와 반려견에 따라 방법이 다르다; 2kg의 치와와와 80kg의 마스티프의 뒷무릎관절을 냉각시키는 것은 다르다.

반려견의 피부는 동상을 방지하기 위해 냉원으로부터 항상 보호되어야 한다; 해당 부위는 깨끗한 면포, 수술용 천, 수술용 모자 및 양말로 덮어야 한다(**그림 2와 그림 3**).

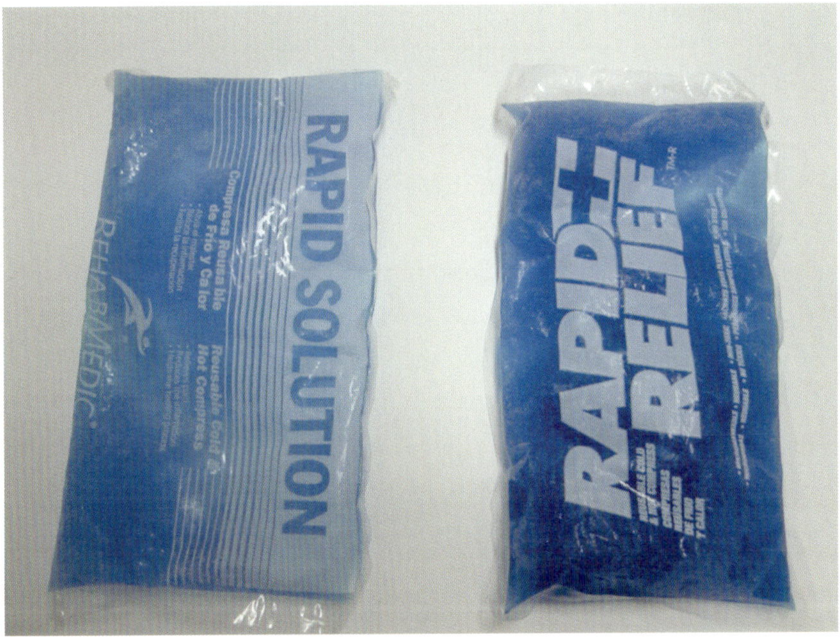

그림 1. 한랭치료의 적용을 위한 겔 팩.

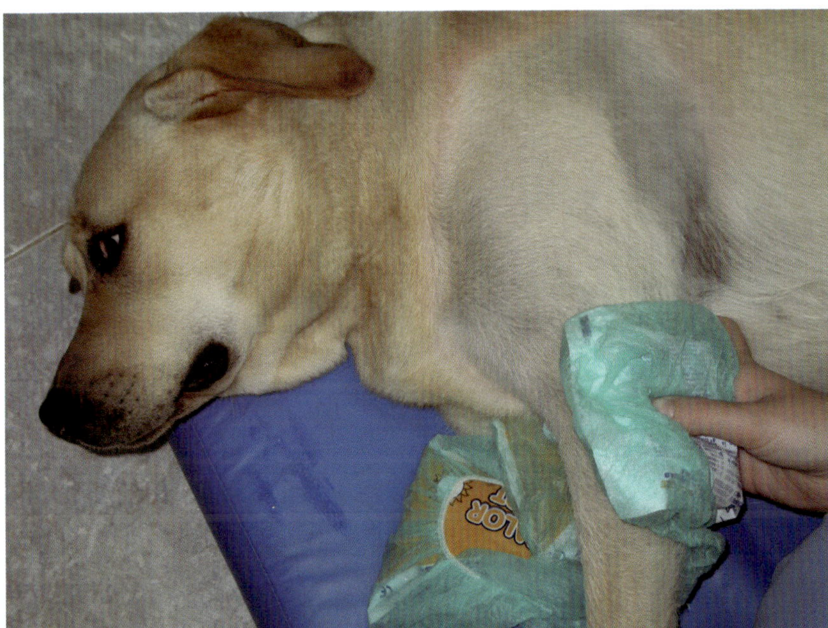

그림 2. 동상을 예방하기 위해 냉원의 직접적인 접촉으로부터 해당 부위를 보호.

조직에 대한 한랭치료의 적용은 고려해야 하는 일련의 생리적 결과를 반려견에게 유발한다. 이러한 영향들은 국소적 또는 전신적일 수 있다.

- 국소적 영향들:
  - 혈관수축
  - 출혈 시간 단축
  - 부종 형성 감소
  - 진통 효과
- 전신적 영향들:
  - 맥박수 증가
  - 혈압 증가
  - 호흡수 증가
  - 피부 색소 손실

금기증과 생리적 영향들로 인해, 표층 한랭치료를 당뇨, 심장 질환, 류마티스성 질병(면역 복합체들의 침강 가속), 혈관 질환을 가진 반려견들에게 적용할 때는 주의가 필요하다. 매우 어리거나 매우 고령의 반려견 또는 쇠약한 반려견 또한 이와 같다.

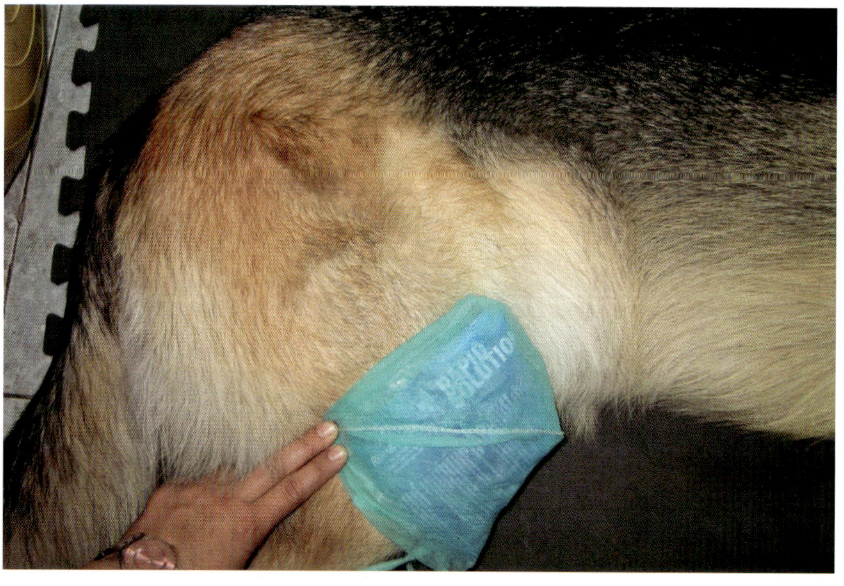

그림 3.
저먼 셰퍼드의 뒷무릎관절에 대한 냉찜질.

냉동치료법에 대한 적응증과 목표

- 급성 단계에서의 어떠한 외상적 또는 염증성 변화
- 진통 효과
- 부종 형성을 감소시키는 것
- 급성 외상 시 출혈을 최소화하는 것
- 염증을 줄이는 것
- 염좌 및 긴장
- 근골격계의 급성 염증성 장애들(관절염, 윤활낭염, 힘줄염, 힘줄윤활막염, 근육염, 신경염)
- 추간판 질환
- 폐쇄성 부상과 타박상
- 화상
- 벌레나 거미에게 물린 후 응급 처치

냉동치료법에 대한 금기증

- 감각 결핍이 있는 부위들.
- 말초 신경에 손상이 있는 경우.
- 당뇨성 신경염.
- 깊은 개방형 상처 부위.
- 패혈성 또는 류마티스성 관절염(예: 리슈만편모충에서 생성된).
- 혈액 공급이 원활하지 못한 부위들.

온열치료
Thermotherapy

온열치료는 부상 부위의 표층에 열을 가하는 것이다(침투 깊이: 1cm). 온암법은 염증의 증식과 재형성 단계 동안 이뤄져야 한다, 예를 들어, 처음 48-72시간 이후 또는 갑작스러운 재발이 아닌 만성적인 부상의 경우. 열적용을 너무 일찍 실행하면, 염증을 악화시킬 수 있다.

한랭치료와 같이, 표층 온열치료는 반려견에게 일련의 생리적 영향들을 유발하며 이것은 국소적이거나 전신적일 수 있다.

- 국소적 영향들:
  - 대사율 증가
  - 혈관확장과 순환 촉진
  - 림프의 흐름 촉진
  - 대사 물질 제거 개선
  - 산소와 영양소 공급 증가
  - 포식활동 증가
  - 운동 신경과 감각 신경의 진정
  - 진통 효과
  - 근연축 감소(가로무늬근과 민무늬근 둘 다)
  - 결합 조직의 신전성 증가
  - 관절 경직 감소

- 전신적 영향들:
  - 열 손실 매커니즘의 자극(예: 헐떡임)
  - 발한
  - 순환 촉진
  - 동맥혈압 감소
  - 맥박수 증가
  - 호흡수 증가
  - 신장 배설 증가
  - 신경계에 대한 진정 효과

적용 시간과 빈도는 냉동치료법과 비슷하지만, 부상의 유형과 치료 목표에 더 큰 영향을 받는다. 발열원에는 마이크로웨이브 겔 팩(**그림 4**), 다리미로 데운 타월이나 천, 전자레인지로 데워진 젖은 수건("사우나 효과"), 메밀이나 다른 곡물로 채워진 가방, 적외선 램프(**그림 5**), 수중마사지 통 등이 있다. 화상 위험이 있으므로 전기 담요는 최대한 피해야 한다.

그림 4. 전자레인지로 가열할 수 있는 겔 팩.

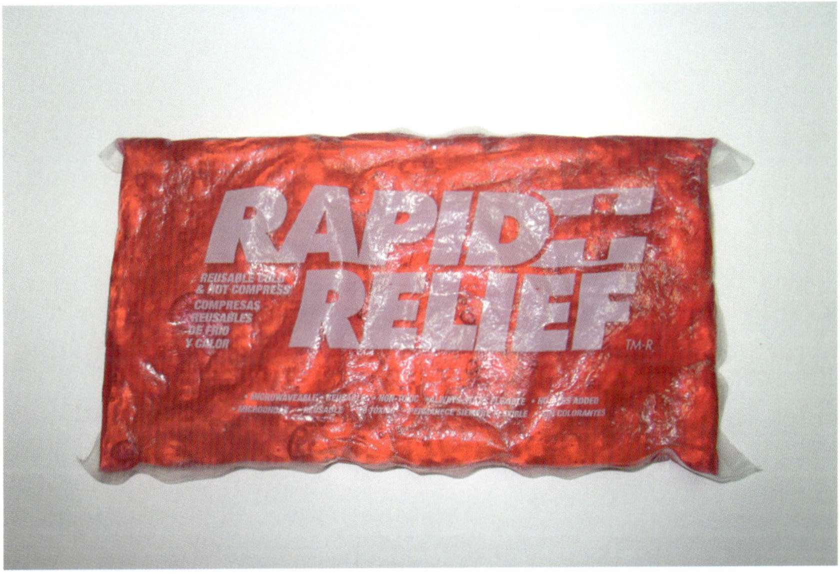

그림 5. 적외선 램프를 사용한 온열치료.

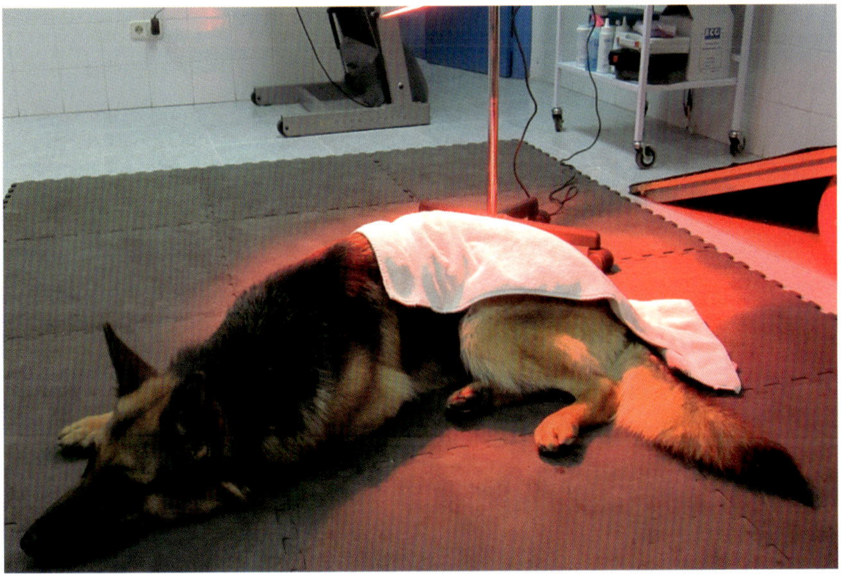

표층 온열치료에 대한 적응증

- 근경련과 근연축
- 만성 또는 아급성 근골격계 염증/외상
- 유착
- 관절 가동술, 마사지, 스트레칭의 실시 전 및 능동 운동 실시 전(그림 6)

표층 온열치료에 대한 금기증

- 염증 또는 외상의 급성 단계 시(종양을 제외하고)
- 심각한 심혈관 질병 보유 시
- 감각 결손이 발생한 경우
- 피부/피부 밑 출혈 또는 혈전성정맥염 부위
- 임신된 자궁 위
- 악성 종양 위
- 말초혈관계 질환
- 급성 정맥염, 정맥류성 정맥, 혈전
- 쇠약

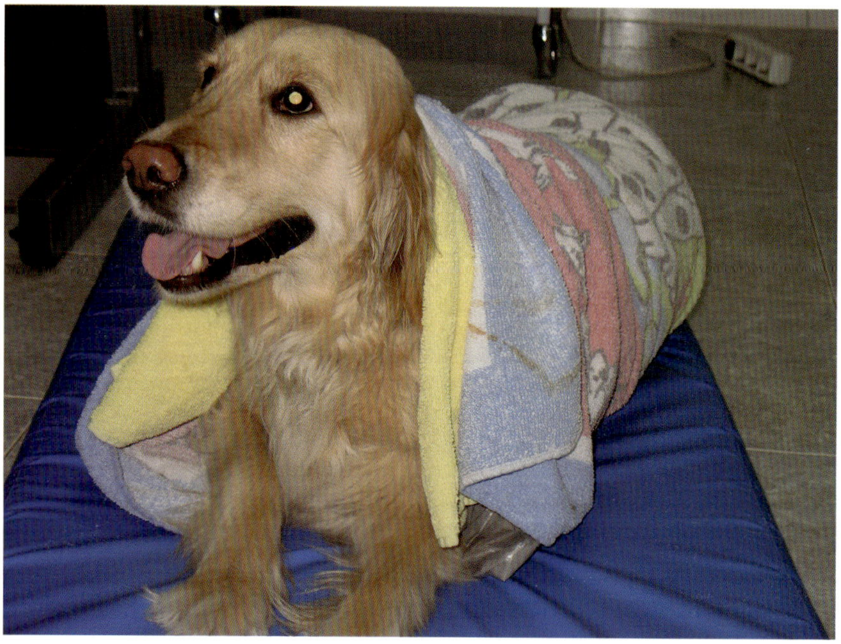

그림 6. 마사지를 하기 전 반려견에게 온열치료.

적외선 램프 Infrared lamp

복사열 램프의 사용은 가시 광선 스펙트럼을 사용하는가와 관계없이 물리치료에서 점차 구식이 되어가고 있다. 이 유형의 램프는 또한 음식, 방, 마굿간을 따뜻하게 하는데 사용된다(예: 분만실). 이들은 체온을 완만하게 상승시키지만, 효과가 매우 표층적이어서 크게 유용하진 않다. 하지만, 동물 재활치료에서는 직접적 접촉을 필요로 하지 않고 예를 들어, 마사지 전에 적당히 온도를 높일 수 있어서 매우 유용하다.

사용할 때에는, 램프를 반려견에게서 대략 50cm 떨어진 곳에 위치(램프 동력에 따라 다르다)시켜야 하고 반려견을 면으로 된 천이나 타월을 덮어야 한다. 20–30분간 열을 가한다. 램프를 만질 때에는, 표면이 매우 뜨거워 질 수 있으므로(2000°C까지 상승) 조심해야 한다.

이 치료법의 가장 큰 장점은 램프가 반려견을 터치하지 않으므로 표층 조직들에 열을 가하는데 비교적 위생적인 방법일 뿐 아니라, 때로는 특정 반려견들이나 특히 반려묘들처럼 접촉을 싫어하는 반려견들에게 또한 매우 유용하다(그림 7).

적외선 램프의 가장 큰 단점은 열원으로서의 한계다: 침투 깊이가 매우 얕고 효과가 아주 적다.

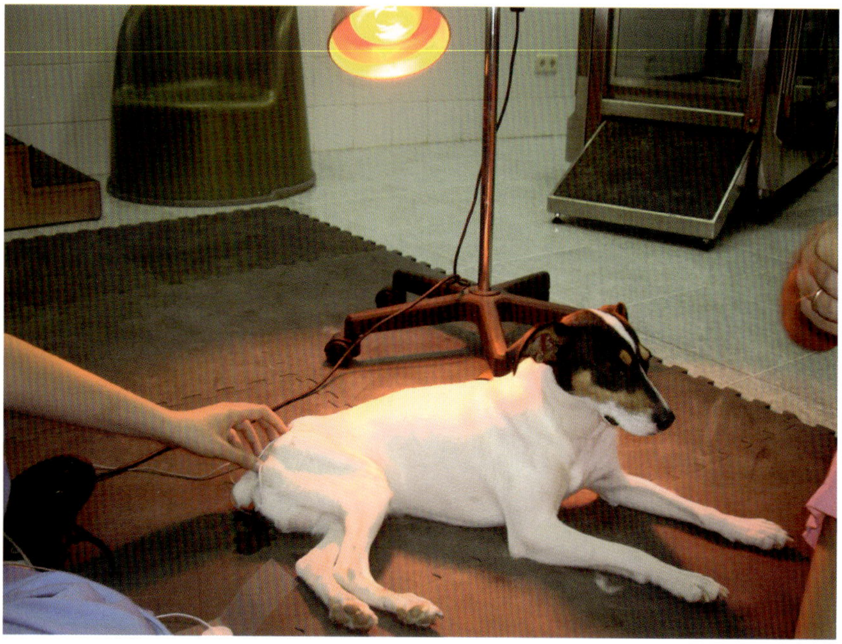

그림 7. 적외선 램프를 사용한 온열치료.

수중마사지 Hydromassage

수중마사지 통은 마사지와 온열치료의 혼합으로 사용될 수 있다. 이 통은 편안함을 느끼게끔 반려견에게 맞는 크기여야 한다. 다른 수 치료법에서와 같이, 이 통은 매일 청소해야 하고 감염을 예방하기 위해 자주 물을 갈아줘야 한다.

수온은 36.6℃와 38℃ 사이여야 한다. 수중마사지에 대한 적응증, 금기증, 효과는 표층 온열치료에서 서술된 것들과 같다.

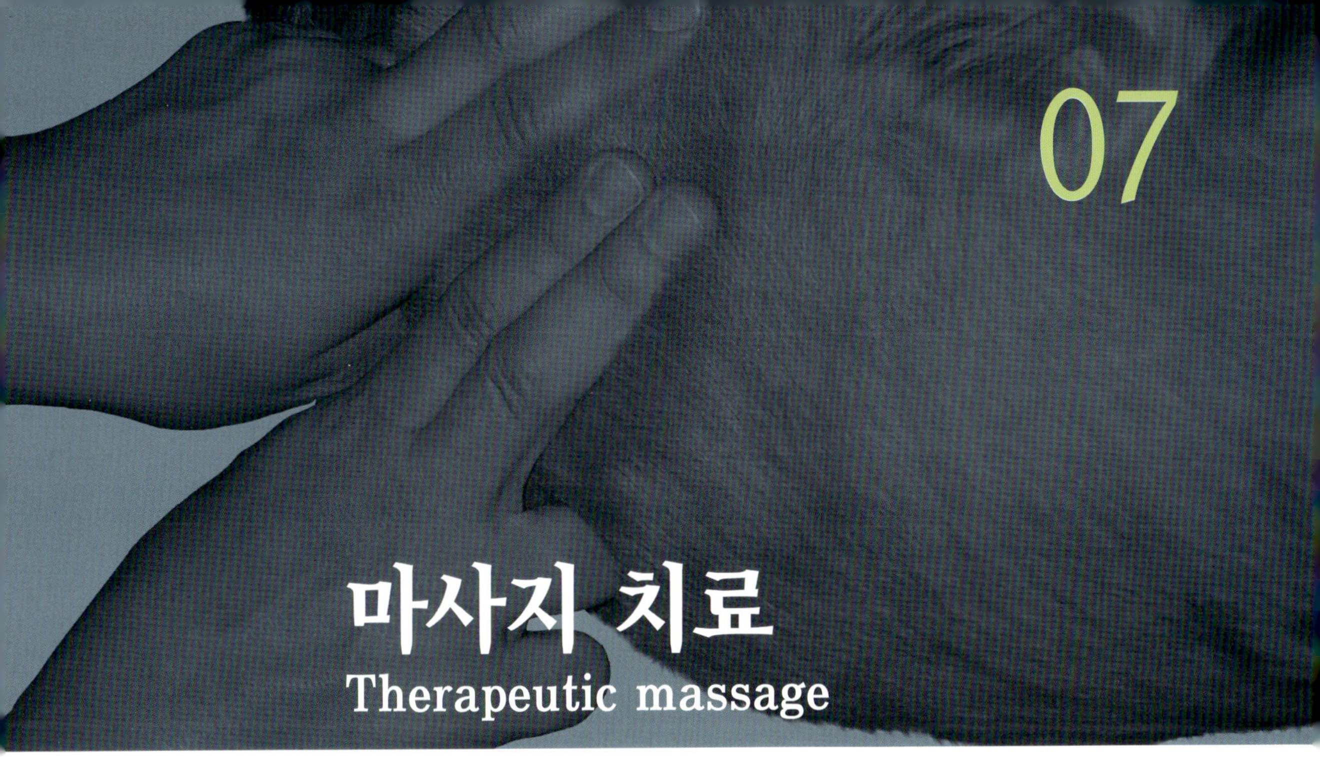

07

마사지 치료

Therapeutic massage

마사지는 손과 몸을 사용한 물렁 조직의 도수교정(manipulation)으로 정의된다.

역사적 사실

- 마사지(massage)라는 단어에는 여러가지 어원이 있다: 누르다는 뜻의 아랍어 "mass" 또는 주무르거나 문지르다는 뜻인 그리스어 "massien"에서 유래되었다.
- 마사지는 신체의 통증부위를 문지르는 인간의 필요에 의해 발전되었고 이미 고대 문명에서부터 근육 이완과 심지어 특정 장애의 치료를 위해 사용되었다.
- 그리스인들이 처음으로 스포츠 의학에 이 기법을 사용했고, 그 다음으로 로마인들이 검투사의 근육 부상을 치료하기 위해 사용하였다.
- 중세 시대에, 페르시안 의사 겸 철학자 겸 과학자 Avicena 또한 마사지 치료의 특성과 이점에 대해 설명하였다.
- 르네상스 시대부터 오늘날까지, 다양한 질병의 재활치료를 위한 마사지의 사용을 주제로 한 발표들이 계속해서 이어져 왔다.
- 20세기에 마사지에 대한 관심이 증가하였으며, 부상의 재활치료를 위한 마사지의 사용을 주제로 한 논문들 또한 증가하였다.

마사지는 일반적으로 통증 완화, 근육의 치료, 가동성이 감소된 경우에 보충적 기법으로 사용되지만, 스포츠 의학에서는 예방치료로도 사용된다.

마사지의 치료 효과
Therapeutic effects of massage

마사지는 스트레스, 걱정, 불안을 완화시키는 데 도움이 된다는 것은 상식이다. 아직 마사지의 치료 효과 중 많은 것들이 과학적으로 증명되지 않았지만, 마사지의 사용을 계속하면 반려견들이 보통 호전된다는 충분한 임상 증거가 있다.

마사지의 각 유형은 동물에 미치는 영향이 다르다; 예를 들어, 스트로킹(Stroking)은 ACTH 호르몬의 생성을 줄여서 스트레스 반응을 감소시킨다. 어린 동물들에게는, 마사지와 도수교정이 대뇌의 피질과 피질 하부의 발달을 자극하고, 이를 통해 신경발달, 더 나은 학습, 다양한 자극들에 대한 적절한 반응에 기여한다. 이러한 어린 반려견들에게의 마사지는 또한 면역 체계의 발달을 자극하고(ACTH 농도 감소를 통해), 성년기에 보다 건강한 동물이 되도록 한다.

림프계와 순환계에 미치는 효과
Effects on the lymphatic and circulatory system

마사지 치료의 결과가 좋으려면, 림프계와 순환계에 대한 해부학 및 생리학에 대한 이해가 중요하다. 림프의 흐름 속도는 사이질액과 그 배액의 압력에 의해 결정된다. 마사지를 하는 동안 조직과 액체가 큰 림프관의 외부 표면에 의해 압박되면, 사이질액의 압력이 증가한다; 이는 림프계로 사이질액이 이동하는 것을 돕는다. 몸쪽 방향으로의 마사지를 통해, 액체는 사지에서 신체 중심으로 이동된다.

순환계에서 비슷한 과정이 발생한다: 마사지를 통한 압력은 조직 안의 압력을 증가시키고, 이는 사이질 공간과 혈관들 사이의 압력 차이를 만든다. 이 압력 차이는 손의 움직임을 따라 계속해서 변화한다. 서로 다른 유형의 힘을 사용하는 여러 유형의 마사지가 일반적으로 한 세션에서 사용되며, 이로 인해 조직간의 압력이 지속적으로 변화된다. 따라서, 액체는 림프관들 및 혈관들(흉관과 심장)을 따라 이동되고 신선한 액체가 사이질 공간으로 이동한다.

이것을 고려하면, 마사지가 조직들을 정화하는 효과를 보인다고 생각하는 것은 일리가 있다: 마사지는 신선한 영양소들을 제공하고 자극성 및 염증성 물질들의 양을 감소시킨다.

이러한 화합물들의 상주(예: 프로스타글란딘)는 통증 역치를 낮춘다, 예를 들어, 신경 종말들을 민감하게 만들고 만성 통증을 유발한다. 과학적으로 아직 증명되진 않았지만, 마사지의 정화 효과 덕분에, 운동 후 근육통을 완화하고 만성 통증을 예방할 수도 있다.

마사지는 또한 자율 신경들을 자극하고, 이는 순환계와 신경계에 변화를 유발한다. 따라서, 이러한 시스템에 장애가 있는 반려견들에게는 주의가 필요하다.

마사지로 인한 혈관확장은 새로운 혈관을 생성한다고 여겨진다. 이에 따라, 국소적 혈액 공급이 증가하고, 치유를 촉진한다. 게다가, 순환이 잘 안되는 조직액은 낮은 점성을 갖고 있으며 마사지는 이 조직액이 순환되도록 돕는다.

근육에 미치는 효과
Effects on the musculature

골격근들의 일반적인 긴장도는 낮은 온도나 스트레스 같은 여러가지 외부 요인에 영향을 받는다. 이것은 근육 방추(근육힘살 안 고유감각의 감각 수용기)와 중추신경계 사이에 존재하는 관계 때문이다. 근육이 늘어날 때, 근육 방추가 자극되어, 근육의 반사성 수축이 발생하는데, 이때 길항근은 반사 억제를 받는다. 마사지는 외부 자극으로서의 역할을 하고 그렇게 함으로써 근긴장도를 증가시키거나 감소시킨다(예: 두 손가락 사이에서 닿는 곳과 이는 곳으로부터 중심부를 향해 근육이 쥐어짜질 때, 방추의 긴장이 감소하므로 근긴장도는 감소한다).

순환계에 대한 마사지의 효과는 근육 통증을 완화하고 따라서 근육 부상의 징후를 완화하거나 운동 후 회복을 가속시킨다고 알려져 있다. M. Jacobs(1960)은 통증 치료에서 마사지의 효과들을 설명하였고, 이것이 구축의 완화에 도움이 되며 근연축의 악순환을 영구화시킨다고 주장하였다(그림 1).

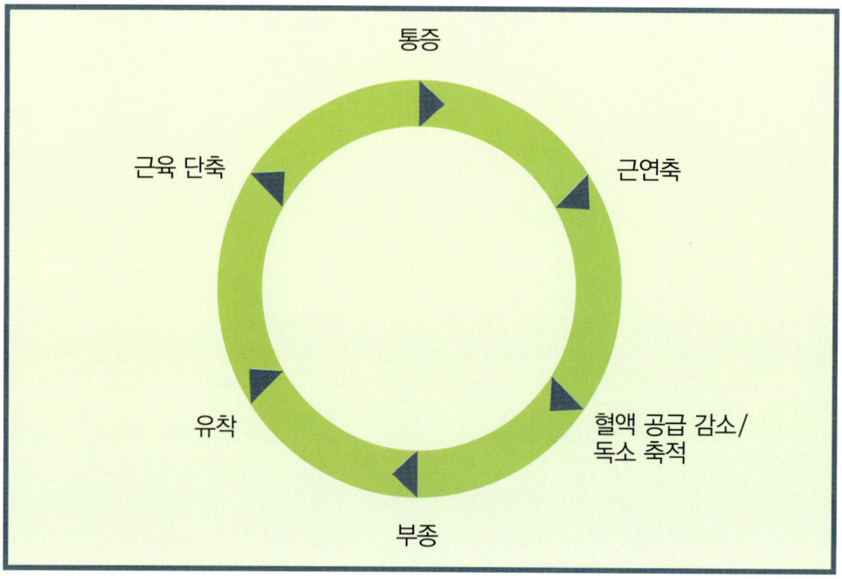

그림 1. 근연축의 악순환("Canine Rehabilitation & physical treatment" by Millis, Levine and Taylor. Ed. Saunders, 2004에서 발췌).

따라서 마사지는 긴장된 또는 수축된 근육들의 긴장도를 감소시키고, 운동 후 근육통을 완화하며, 일이나 운동을 위해 근육들을 준비시킨다. 주기적인 마사지는 근긴장도를 개선시키고(보다 적은 긴장), 결합 조직들의 다발간 형성력을 향상시키며 다양한 근육층들 사이의 움직임을 용이하게 한다. 이것은 또한 존재하는 어떠한 유착이나 섬유증 조직을 느슨하게 한다.

마사지를 스트레칭과 병행하면, 신장 능력 및 연관된 결합 조직들의 힘 또한 향상되고, 따라서 근육 활동을 강화하고 병변의 위험을 줄인다.

통증과 구심 감각에 미치는 영향
Effects on pain and afferent sensations

W. Ueda et al.(1993)는 수술 후 가벼운 마사지의 실행이 반려견에게 감각 수용기의 자극을 통해 진통 효과를 보인다고 설명했다; 이것은 구심 감각들의 숫자를 증가시키고, 결과적으로 통각을 감소시킨다. 또다른 연구에서, Carreck (1994)은 마사지가 인간 반려견들의 통증 역치를 증가시킨다는 것을 입증했다.

마사지는 조직들, 림프관, 혈관 뿐 아니라 연관된 신경들에게도 영향을 미친다. 이러한 신경들은 기계수용기에 연결되어 있다. 신경들의 자극은 해당 신경의 민감도를 감소시키고, 결국 통증 감각을 감소시킨다.

마사지의 정화 효과(위에서 서술된)는 통각 수용기에도 작용하고 만성 통증을 완화할 수 있다.

결합 조직에 미치는 영향
Effects on the connective tissues

결합 조직들에 대한 마사지의 영향을 이해하기 위해서는, 이것의 구조와 스트레칭과 긴장에 반응하는 방식을 기억할 필요가 있다. 콜라겐은 결합 조직의 주성분이고 그 구조로 인해 축방향의 긴장을 견딜 수 있다. 각각의 섬유는 수소 결합으로 연결된 아미노산 사슬로 형성되어 있고, 이는 원섬유들을 안정시키고 콜라겐 형성을 도우며 조직이 역학적 부하를 지탱할 수 있게 한다. 콜라겐 섬유들의 방향은 조직에 가해지는 힘에 의해 결정된다.

결합 조직은 다양한 힘에 대한 탄성과 적응성을 갖고 있고, 이러한 힘들을 지탱할 수 있어야 한다. 모든 생물학적 조직들처럼, 결합 조직은 연속적 긴장 상태에서 하중변형곡선을 따른다(**그림 2**).

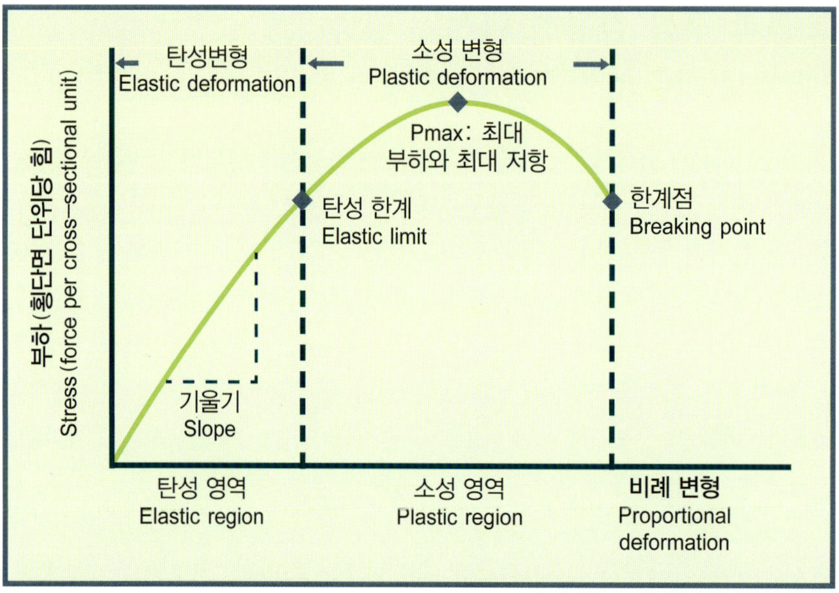

그림 2. 조직의 하중 변형 곡선.

곡선의 **탄성 영역**에서, 조직은 해당 섬유들의 신장 한계에 따라 늘어난다; 곡선의 기울기는 조직의 경직도에 의해 결정된다. 마사지는 곡선의 이 영역에 영향을 미친다. 결합 조직 섬유들의 내부 구조가 손상될 수 있으므로, 마사지를 하는 동안 조직이 과잉 신장되지 않도록 주의해야 한다. 이에 대한 느낌을 가져야 하는데, 예를 들어, 조직이 신장될 수 있는 한계(신장 한계)를 인식할 수 있도록 촉각을 훈련해야 한다.

신장 한계에서부터 시작되는 곡선의 **소성 영역**(소성 변형)에서, 수소 결합들의 미세 파괴와 분해가 일어난다. 섬유들이 손상되진 않지만, 늘어나고 이전과 같은 부하를 지탱하지 못하게 되며 염증 반응이 활성화된다.

조직에 가해지는 부하가 점진적으로 증가하면, **한계점**에 도달하고 조직의 기능적 구조가 완전히 소실된다.

조직 반응
Tissue response

하중에 대한 조직 반응은 하중을 가하거나 제거하는 속도에 의해 결정된다. 하중을 가하거나 제거하는 것이 빠르고 반복될수록, 조직이 경직된다. 또한, 빠르게 하중을 가하면 조직들 간에 마찰이 발생하고, 이는 온도를 상승시킨다. 하중이 적당한 속도로 일정하게 또는 반복적으로 가해지면, 슬라이딩(sliding)에 의해 조직들이 신장된다(일시적). 조직 길이가 일정한 시간동안 변함없이 유지되면, 이완을 통해 신장된다.

어떠한 마사지 기법을 선택할 때, 하중을 빠르게 가하면 조직의 경직도가 증가하며 탈수된 조직들은 만지거나 신장시키기 더욱 어렵다는 것을 주의해야 한다.

마사지를 하는 동안, 치료사의 손들이 행하는 행동은 조직들 내의 압력과 움직임을 증가시킨다. 이 움직임은 조직에 가해지는 압력이 증가함에 따라 층에서 발생하고, 조직이 견딜수 있는 최대 압력이 가해지면, 변형이 한계에 도달하고 모든 층들이 늘어난다. 조직 운동은 층들 사이의 흉터 또는 유착에 영향을 받을 수 있다. 어떤 종류의 마사지는 유착들을 풀어서 움직임을 회복시키며(하중 변형 곡선의 소성 영역에서 작용한다) 근막들과 근육다발들의 가동성을 회복시키는 데 적합하다.

마사지는 단축되고 경직된 조직들 및 유착들을 늘려준다. 예를 들어, 페트리사지 또는 니딩은 조직들을 다양한 방향으로 늘리고 당겨서, 인접한 결합조직들을 움직일 수 있게 한다. 마사지는 또한 근섬유들 간 연결교에 작용하고, 스트레칭이나 슬라이딩을 통해 섬유들의 길이를 늘린다. 이 효과의 또다른 예로는 횡마찰법 또는 시리악스 마사지가 있다. 이 기법은 섬유들에 대하여 수직으로 마사지하며, 섬유들을 늘리고 분리한다. 이것은 움직임과 충혈을 유도하고 유착들과 섬유들 간 교차결합을 늘린다. 이것은 섬유 조직의 가소성과 가단성을 증가시킨다.

수술 후의 마사지는 슬라이딩과 조직액 교환 증가를 통해 조직을 움직일 수 있게 하고 유착을 푸는데 도움이 된다. 스트레칭 또한 콜라겐 섬유들, 심지어 흉터 조직과 유착들의 콜라겐 섬유들까지 조정하는데 사용된다(항상 수직 하중 방향으로).

수술 후, 마사지는 손상된 구조들의 가동성과 유연성을 유지하기 위해 수동 운동요법 및 스트레칭과 병행되어야 한다; 이것은 부상의 재발을 방지하기도 한다.

마사지 치료사와 반려견간의 교류

마사지는 마사지 치료사와 반려견 사이의 교류이며 휴식, 의사소통, 행복감을 유발할 수 있다. 그러므로 마사지를 할 때 본인의 심경이 손을 통해 전달되기 때문에 조심해야 한다. 환경의 영향이 있으므로, 방해받지 않을 조용한 방을 사용해야 한다.

마사지는 반려견에게 즉각적인 효과를 줄 수 있지만, 대개 특정한 장애를 치료하기 위해 다양한 치료법들이 필요하다. 국소적 효과 외에도, 마사지는 전신에 효과를 보이기도 한다; 이것은 피부, 중추 신경계, 몸의 나머지 부분(면역체계를 포함한) 사이의 뚜렷한 연관성으로 설명될 수 있다.

마사지의 효과에 대한 요약

- 이것은 통증을 완화하고, 긴장을 완화하며, 중추 신경계를 진정시킨다.
- 이것은 상처 치유를 촉진시킨다.
- 이것은 이완, 통증 완화, 가동성 증가를 통해 근육 긴장을 완화시킨다.
- 이것은 혈류와 림프의 흐름을 촉진시킨다.
- 마사지가 피부의 감각 수용체에 작용할 때, 중추 신경계는 스트레스 호르몬의 분비를 감소시키는 메세지를 수신하고, 이는 결국 혈압과 호흡수를 저하시키고 소화능력을 향상시키며 행복감을 고취시킨다.
- 이것은 엔돌핀을 분비시키고 신경펩티드를 활성화시킨다.

마사지의 적응증과 목표

- 거동 문제
- 만성 정형외과적 질환(생체역학적 변화들에 대한 치료)
- 수술 후 병변들에 대한 재활(유연성, 가동성, 근긴장도의 유지와 통증 완화)
- 근위축증(혈류 촉진, 영양소 공급, 신장성 유지)
- 만성 질환, 예: 뼈관절염(이차적 변화들 완화: 통증 및 근육 과부하 완화)
- 혈류와 림프 흐름을 촉진시키는 것
- 통증을 조절하는 것
- 흉터 조직과 유착 형성을 감소시키는 것
- 사역 동물(working animal)과 수렵 동물(sporting animal)의 수행능력을 향상시키는 것: 훈련할 때 근육의 준비 운동과 운동 후 피로 감소 및 미세 병변 치료

마사지의 금기증

- 열
- 쇼크
- 급성 염증(환부를 피해야 함)
- 피부 질환(진균성 질환)
- 감염성 질환
- 암
- 심장 질환, 간 질환, 신장 질환을 보유한 반려견은 주의해야 함

마사지의 종류
Types of massage

광범위한 마사지 기법이 존재하며, 각각의 장점과 단점 및 적응증과 금기증이 있다. 최고의 기법은 존재하지 않는다: 치료사는 병변, 반려견, 치료사 본인의 기량에 따라 합리적인 선택을 해야한다. 다음 부분에서는, 동물 재활치료에서 가장 흔하게 사용되는 기법들 중 일부가 설명되어 있다.

스트로킹 Stroking

이것은 손가락들을 든 상태로 손바닥을 이용해서 중심부에서 바깥 방향(털이 자라는 방향으로)으로 리드미컬하고 연속적으로 쓰다듬는 부드러운 마사지다; 반려견과의 접촉이 절대 떨어져서는 안된다(**그림 3**). 이것은 반려견에게 이완 효과를 주고, 이에 따라 추후의 도수교정을 준비하는 표층 마사지이다. 이것은 또한 혈류를 촉진하고 림프의 흐름을 자극한다. 이 마사지는 세션 중 사용할 수도 있지만, 보통 한 세션을 시작할 때와 끝낼 때 사용한다. 스트로킹은 심부 조직을 마사지 한 후 반려견을 진정시키는데 효과가 좋다.

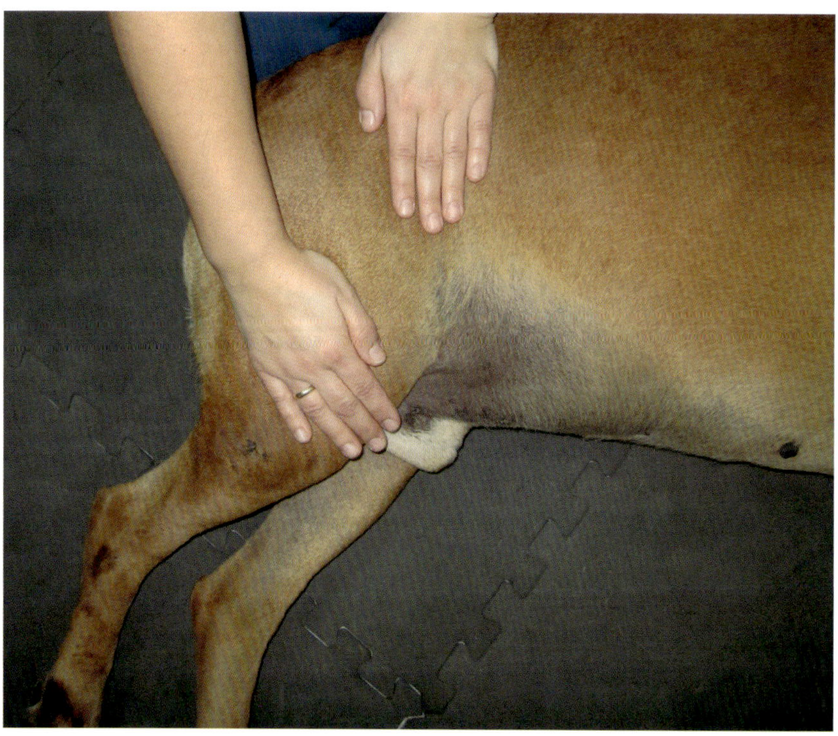

그림 3. 스트로킹. 손은 부드럽게 중심부에서 바깥 방향으로 움직인다.

에플루라지 *Effleurage*

스트로킹을 비롯해 수많은 종류의 *에플루라지*가 존재하지만, 이 부분에서는 림프 배액 마사지(lymphatic drainage massage)에 대해서만 설명한다(**그림 4**). 이 마사지는 손가락을 모은 채 손바닥을 사용하여, 바깥에서 중심 방향으로(심장쪽으로) 적절한 압력을 가해 쓰다듬는다. 이것은 대개 사지의 가장 먼 부분에서 몸통을 향해 적용된다.

이 배액 기법(drainage technique)은 혈류와 림프 흐름을 촉진시키는 효과가 있으며, 이는 예를 들어, 말초부의 부종에 대한 치료에 특히 적합하다.

그림 4. 배액 기법.

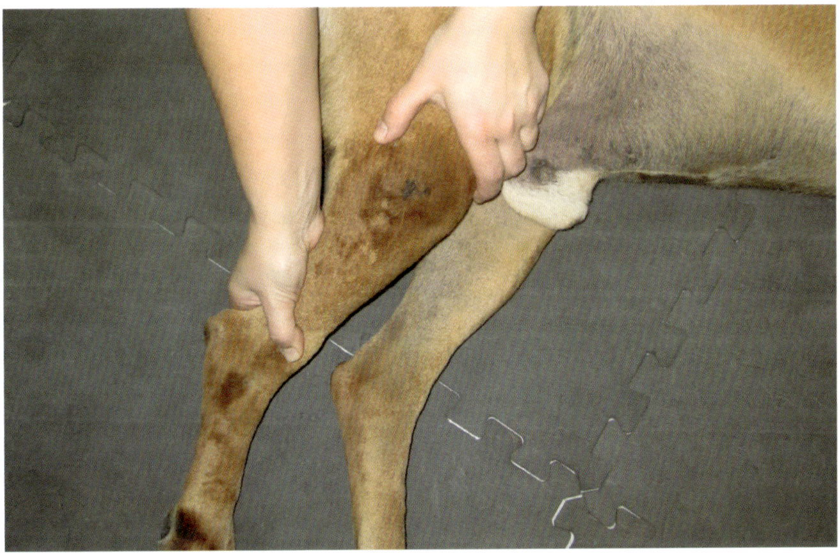

니딩 Kneading, 페트리사지 *Petrissage*

니딩(주무르기)은 이완된 동물에게 하는 심부 마사지의 한 종류로, 앞에서 언급한 2가지 마사지 종류들이 선행되어야 한다. 이것은 피부, 피하 조직, 근육(깊이에 따라)의 접힌 부분을 움켜잡았다가 놓으며, 다음 부위로 이동하는 것으로 이뤄진다(**그림 5**). 손의 움직임은 밀가루 반죽을 주무르는 것과 유사하다. 몸에서 가장 먼 부분에서 시작해서 몸 중심부 방향으로 진행한다. 이 마사지는 섬유에 평행 및 수직으로 행한다.

경우에 따라서 이 마사지가 고통스러울 수 있기 때문에, 조직에 가하는 압력은 점진적으로 증가시켜야 하고 통증을 덜 느끼게 하기 위해 사이사이에 진동 마사지를 실행해야 한다. 니딩은 근육을 이완시키고 순환을 촉진시키며 운동으로 생성된 젖산의 제거를 돕기 때문에, 사역견과 수렵견들에게 근육 피로를 치료하고 감소시키는데 큰 도움이 된다.

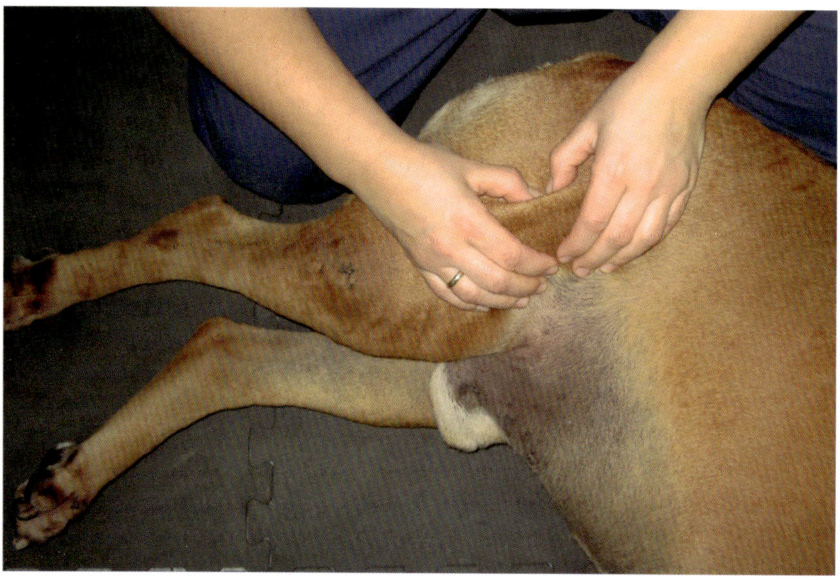

그림 5. 니딩, 페트리사지 (kneading, *petrissage*).

경타법, 해킹과 컵핑

Percussion or hacking and cupping

일반적으로, 경타법은 순환을 촉진시키고 근육들을 이완시킨다; 폐가 위치한 부분 위에 실행하면, 분비의 제거를 용이하게 한다. 컵핑은 오목하게 깁 모양으로 만든 손으로 실행하는 반면(**그림 6**), 해킹을 실행할 때는 손날을 이용하여 두드린다(**그림 7**). 경타 마사지를 하는 동안, 치료 부위를 가볍게 두드리며, 손목의 긴장을 조정하여 두드리는 힘의 세기를 조절할 수 있다. 이 유형의 마사지는 심부 도수교정 후 근육을 이완시키기 위해 사용되고 호흡에 문제가 있는 동물에게는, 분비물의 제거를 돕는다.

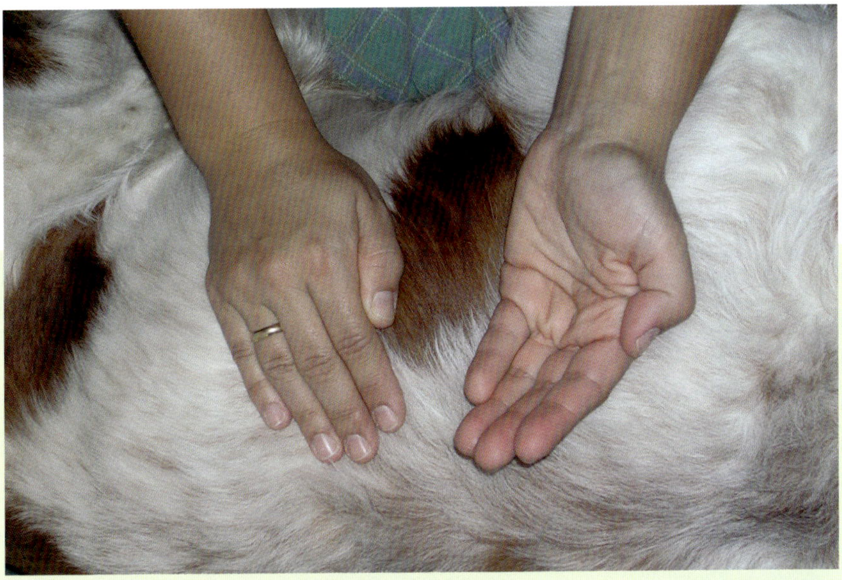

그림 6. 컵핑 기법.

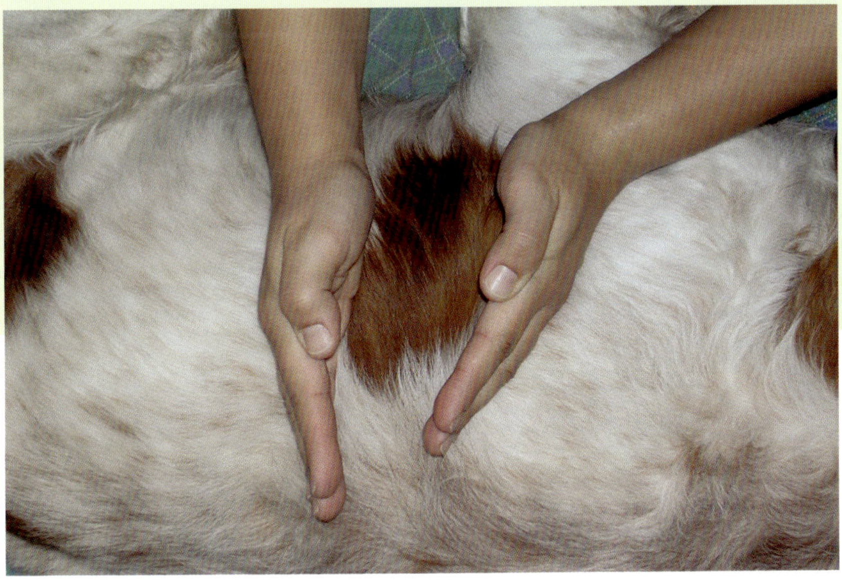

그림 7. 해킹 기법.

횡마찰법 또는 시리악스 마사지

Transverse friction or Cyriax massage

Dr. Cyriax가 수십 년 전 설명한 이 마사지는 섬유에 수직인 방향으로 행하는 손상된 조직들의 심부 마찰 마사지를 말한다(그림 8). 이것의 중요 목표는 유착들을 감소시키거나 예방하여 부상 부위의 가동성을 회복시켜서, 기능의 회복이 잘 되게 하는 것이다. 이것은 통증을 완화하고 독소들 및 세포 부스러기를 제거하는 조직들의 충혈 효과 덕분이다; 이 마사지는 또한 수직 응력 방향으로 콜라겐 섬유들을 정렬시키는 것을 돕는다.

손가락들은 조직에 수직하게 위치시키고 압력을 점진적으로 증가시키면서 전단력을 사용하여 앞뒤로 쓰다듬는다. 이 마사지는 매우 고통스러울 수 있으며, 특히 급성 외상 반려견들에게 그렇다; 따라서 이 마사지는 여러 세션으로 분할하고 반려견을 진정시키기 위해 더 많은 이완 마사지들을 번갈아 가면서 짧은 시간(몇 분간)동안 실행하는 것을 권고한다.

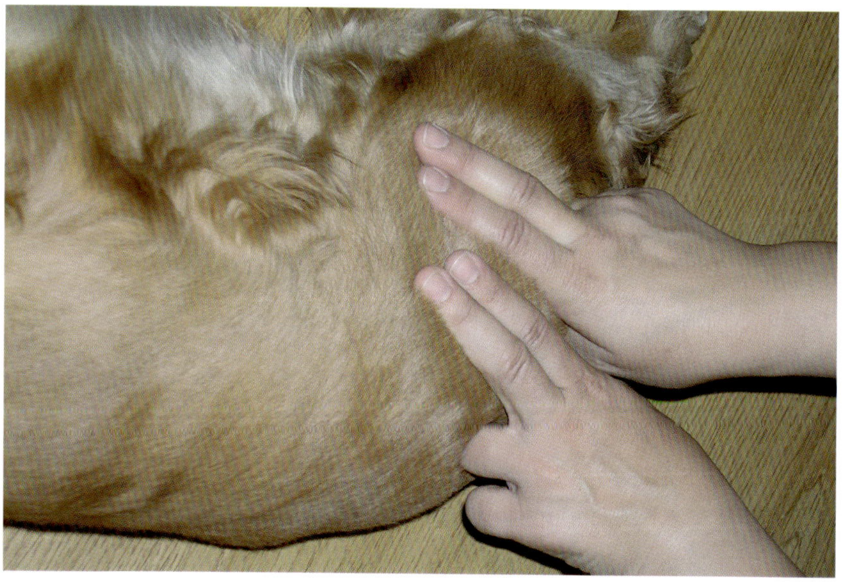

그림 8.
횡마찰기법.

통증유발점에 대한 원형 압박법

Circular pressure on trigger points

이 유형의 마사지는 근막 통증유발점들 및 어떠한 국소적 긴장, 구축, 근육 뭉침 부위에도 사용될 수 있다. 이것은 점진적으로 증가하는 견고한 손가락 압력과 원형 움직임으로 이뤄진다(**그림 9**). 시리악스 마사지에서와 같이, 이 마사지는 고통스러울 수 있고 더 많은 표층 이완 마사지와 번갈아가며 실행하는 것을 권고한다.

그림 9. 통증유발점들에 대한 원형 압박 기법.

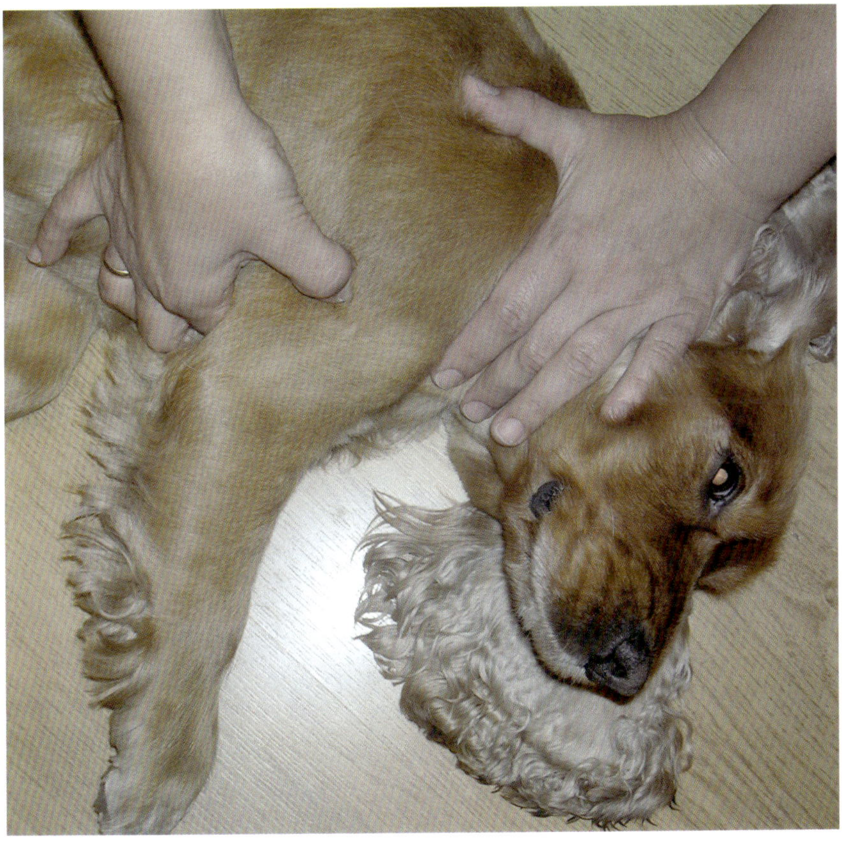

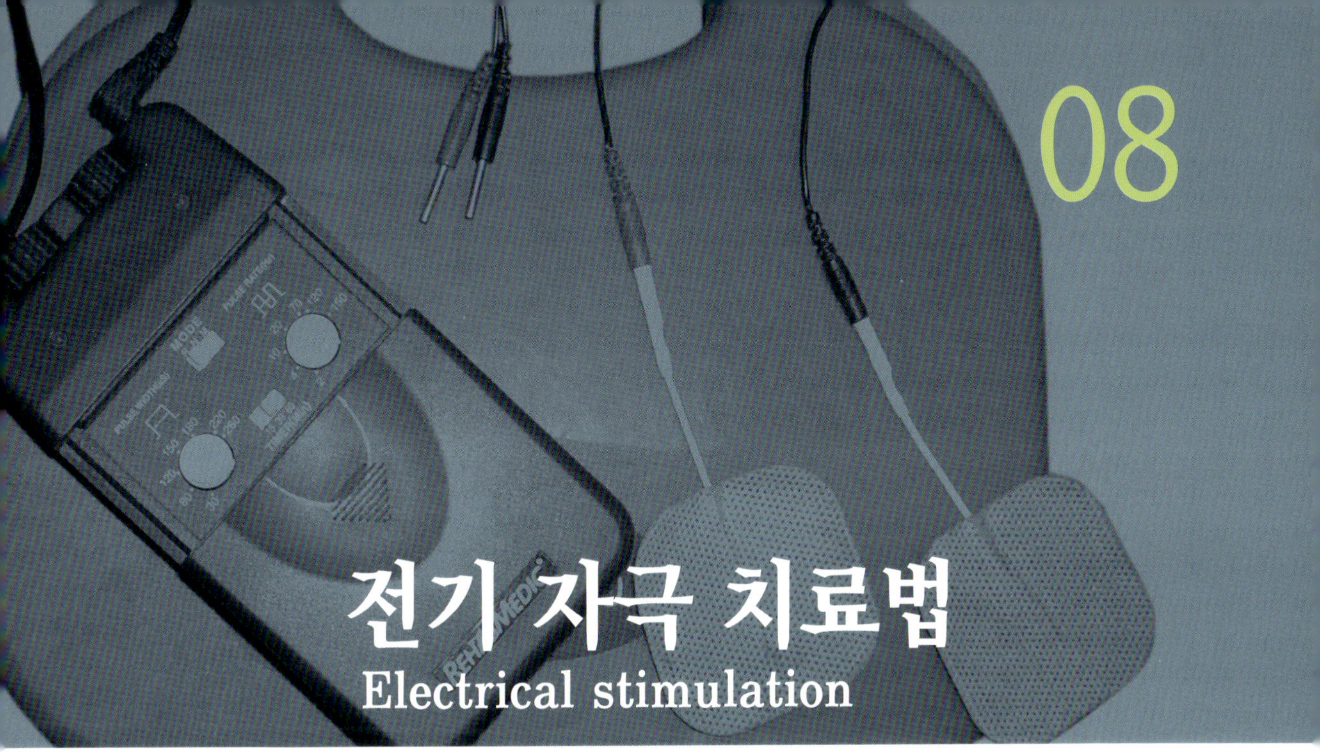

08

전기 자극 치료법
Electrical stimulation

개요
Introduction

생물에게 가해지는 전류는 일반적으로 유익할 뿐 아니라 무해한 효과를 보인다. 고대에는, 이집트인들과 그리스인들이 특정 질병을 치료하기 위해 전기 뱀장어를 사용했다. 기원전 46년에, 로마 의사 Scribonius Largus는 두통과 통풍의 통증을 치료하기 위한 전기 뱀장어의 사용법에 대해 서술하였다. 전기의 사용에 대해 많은 문서들이 작성되었지만, 전류를 치료용으로 사용하는 것은 20세기까지 상용화되지 않았다.

전류의 첫 사용은 장비의 정교함 부족과 다양한 효과들 및 생리학적 기전에 대한 이해 부족으로 인해 고통스러웠을 것이다. 오늘날, 다양한 전류들과 그들의 작용에 대한 많은 것들이 밝혀졌지만, 반응의 속성과 정도는 전류에 대한 조직의 개별적인 생리적 반응과 사용되는 전류의 종류에 따라 다르다.

전기의 기본 원리
Basic principles of electricity

용어의 정의

- **전기**(Electricity): 에너지의 본질적인 형태 중 하나
- **전류**(Electric current): 전도체를 따라 흐르는 전자의 흐름
- **전자**(Electrons): 음전하를 띠는 물질 입자

세기 Intensity

전류량은 전자의 수에 의해 결정되고 암페어(A) 단위로 측정한다. 가정용 전류는 일반적으로 15-20A인 반면, 치료용 자극기의 전류는 mA 단위로 측정한다(근육을 수축시키기 위해서는 15-20mA로 충분하다).

전압은 기전력(EMF; electromotive force)이며, 이는 전자를 흐르게 하고 두 지점 사이에서 전자수의 차이에 따라 결정된다. 이것은 볼트(V) 단위로 측정한다.

전자는 전도체를 통해 움직여야 한다. 물은 좋은 전도체 중 하나이다. 이것은 근육이나 지방처럼 수분 함량이 높은 조직들은 좋은 전도체라는 것을 의미한다. 하지만, 다른 물질들은 전류의 흐름에 저항한다. 전류 흐름에 대한 저항, 또는 임피던스는 옴(Ω) 단위로 측정한다.

피부는 전류의 흐름에 강하게 저항하고 피부가 더럽거나, 기름지거나, 건조하거나, 털이 많으면 이 저항이 더욱 커질 수 있다.

피부의 저항이 클수록, 가해야 하는 전류 또한 커지고 반려견에게는 더욱 불편하다.

옴의 법칙은 전류, 전압, 저항 사이의 관계를 정의한다:

옴의 법칙

$$I = V/R$$

전류 (A) = 전압 (V) / 저항 (Ω)

어떠한 전류에 의해 생성되는 에너지의 양은 와트(W) 단위로 측정하고 전류량과 볼트에 의해 결정된다.

전류의 세기(mA)가 셀수록, 조직 반응이 강한 반면, 전압이 높을수록, 조직 침투가 많이 일어난다.

전류의 종류
Types of electric current

전류에는 4가지 기본 유형이 있다: 직류, 교류, 연속 전류, 펄스 전류.

1] 직류(DC; Direct current): 전자가 항상 같은 방향으로 흐른다. 이 전류 유형의 분극 효과는 매우 크고 이에 따라 이온이동법(iontophoresis)과 같은 기법에 사용된다.

2] 교류(AC; Alternating current): 전자가 흐르는 방향이 계속해서 바뀐다. 분극 효과가 발생하지 않는다. 이것은 이상 교류라고도 불린다(양 위상과 음 위상).

3] 연속 전류(Continuous current, AC 또는 DC): 전자가 중단되지 않고 흐른다. 갈바닉 전류(galvanic current)는 매우 큰 분극 효과를 가진 연속 전류이고, 잘못 사용되면 신체에 유해한 영향을 미칠 수 있다.

4] 펄스 전류(또는 DC): 전자의 흐름이 맥동형 방식으로 발생한다. 펄스의 특징들에 변화를 주면, 다양한 생리적 효과를 얻을 수 있다. 분극 효과는 약하게 발생한다(이온이동법 불가능).

생리적 반응
Physiological responses

열적 효과
Thermal effects

전류의 흐름을 분자의 진동을 유발하고, 이는 온도를 상승시킨다. 치료 목적으로 사용되는 대부분의 전류에서 이 효과는 미미하지만, 갈바닉 전류는 잘못 사용하면 심각한 화상을 유발할 수 있다.

화학적 효과
Chemical effects

전류는 전극의 극성에 따라 새로운 화합물의 생성을 유발한다. 갈바닉 전류에서, 이러한 반응들은 상당히 중요할 수 있다(화상을 유발할 수 있는 수산화나트륨 또는 수산화칼륨의 생성).

물리적 효과
Physical effects

치료적 사용은 다음의 효과들을 근거로 한다.

- 자극성(Stimulating): 충분한 세기와 기간의 전류가 조직에 가해지면, 신경은 탈분극하고 활동 전위가 발생한다. 자극된 섬유의 종류에 따라 감각 반응이나 운동 반응이 발생할 수 있다. 자율신경계의 신경들 또한 전류에 영향을 받을 수 있다.
- 비자극성(Non-stimulating): 전류의 흐름은 관련된 조직에 따라(모든 조직들이 자극되지 않는다) 생리 과정의 변화를 유발한다. 이 효과들에는 세포막의 투과성 변화, 혈류의 변화, 단백질 대사 촉진, 조직 생장 및 복구, 세포내 운반 증가가 있을 수 있다(연구가 계속 진행 중).

펄스 전류 파의 특성
Pulsed currents Wave characteristics

위에서 언급한 바와 같이, 치료적 목적으로 사용되는 전류의 대다수는 맥동형이다(갈바닉 전류 제외). 파(펄스)의 특징들에 변화를 주면, 다양한 생리적 반응을 얻을 수 있다.

파형
Waveform

파형은 사용하는 장비의 유형에 따라 달라진다. 일반적으로, 이것은 치료적 관점에서 가장 중요하지 않은 매개변수다. 하지만, 이것은 반려견의 행복감에 대해 영향을 미친다: 완만히 상승하는 파장들(사인파모양)은 보다 부드럽고 반려견에게 더욱 편안하다. 파형은 사인파형, 사각형, 비대칭, 쌍봉형일 수 있다(그림 1).

그림 1. 다양한 파장 유형을 보여주는 그래프.

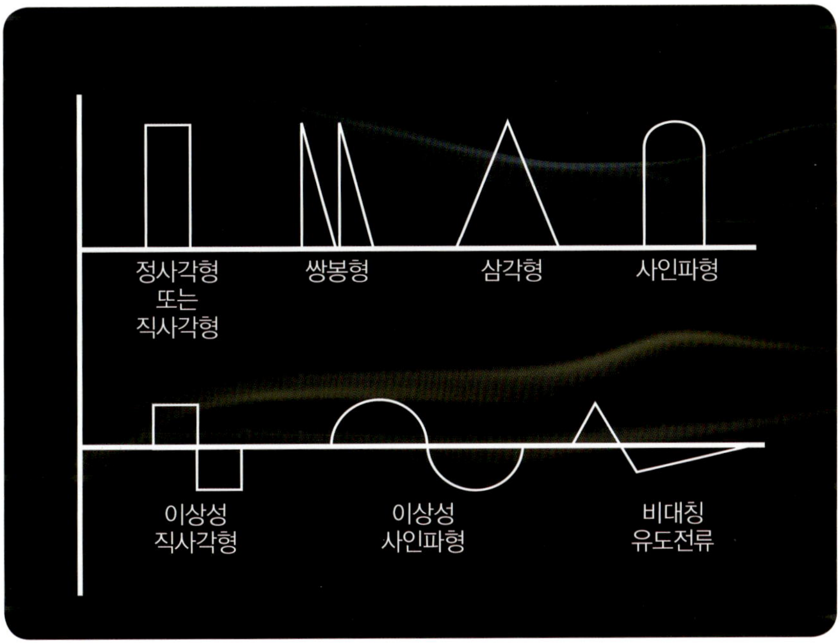

파의 세기 Wave intensity

이것은 전류량(진폭)을 뜻하고 밀리암페어(mA) 단위로 측정한다. 다양한 전류의 세기들은 각기 다른 생리적 반응을 유발한다. 세기가 1mA 미만일 경우, 전류는 신경 섬유들을 탈분극하기에 부족하고, 이에 따라 신경 반응이 일어나지 않는다. 이러한 미세전류들은 세포막의 투과성에 영향을 미치고 세포 활동과 생장에 영향을 줄 수 있는 것으로 추정된다. 연구가 진행 중이다.

- 세기를 증가시키면 감각 자극을 유발한다: 두꺼운 표재 신경 섬유들이 자극되고 반려견은 저릿한 느낌을 받는다. 이 레벨의 자극은 통증 치료에 사용된다(경피신경 전기자극 - TENS; Transcutaneous Electrical Nerve Stimulation) (그림 2).
- 세기를 계속해서 증가시키면, 운동 자극을 유발한다: 운동 신경 세포들과 같은 얇은 신경 섬유들이 자극되고, 이것은 결국 근육 수축을 유발하며 세기에 정비례한다.
- 다음으로, 통각 반응의 레벨에 도달한다. 이 세기에서는, 반려견이 작열통이나 참을만한 통증을 느낀다. 이것은 만성 또는 무반응성 통증 관리를 위한 최후의 수단으로 사용된다. 강한 세기는 참기 힘든 통증을 유발하고 심지어 조직의 병변이나 괴사를 일으킬 수 있다. 필요한 전류의 세기는 각 반려견별로 다르며 전극의 유형이나 피부 상태와 같은 여러가지 요인들에 의해 영향을 받는다(표 1).

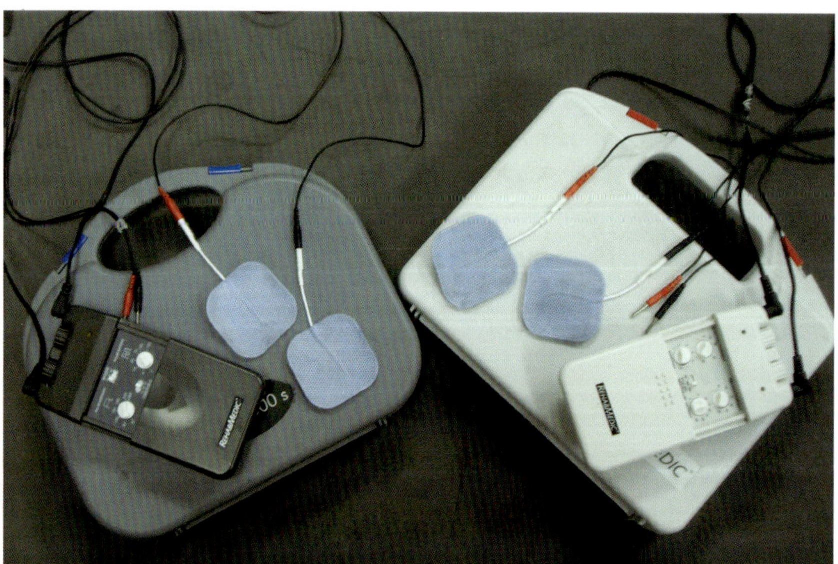

그림 2. 왼쪽은 경피신경 전기자극(TENS) 장치이고 오른쪽은 전기 근육 자극 요법(EMS) 장치이다.

표 1. 전류량에 따른 반려견에 대한 영향.

전량	영향
0–1 mA	감지 불가(활동 전위 미만)
1–15 mA	저릿한 자극부터 근육 수축까지
15–100 mA	통증이 느껴지는 전기적 자극
100–200 mA	심장 마비
> 200 mA	조직들의 즉각적 연소

진동수(펄스 속도)

Frequency (pulse rate)

이것은 초당 생성되는 파의 숫자로 정의된다. 진동수는 전기 치료법의 사용에서 가장 중요한 매개변수 중 하나이다. 이것은 헤르츠(Hz) 단위로 측정한다. 미세 전류 자극의 경우, 0.5Hz와 수백 Hz 사이의 진동수가 사용된다; 낮은 진동수는 일반적으로 만성 질환들에 사용되고 높은 진동수는 급성 질환들에 사용된다.

감각 레벨에서, 80–100Hz의 진동수는 직경이 큰 표재 신경 섬유들을 자극하여, 통증 신호를 차단한다. 높은 진동수와 약한 세기의 조합은 고전적 TENS의 전형적인 특징이다.

운동 레벨에서, 낮은 진동수, 강한 세기의 자극은 엔돌핀(endogenous opioids)의 분비를 유도하고, 이는 반려견에게 진통 효과를 부여한다(낮은 진동수의 TENS).

- 1–15Hz의 **진동수**는 가벼운 근연축을 유발한다. 이것은 부종 완화와 순환 촉진을 위해 사용한다.
- 20–25Hz의 **진동수**는 피로를 유발하지 않는 가벼운 테타니성 연축(tetanic contraction)을 유발한다. 이러한 수축들은 관절 가동 범위를 개선시키고, 부종을 완화하며, 섬유성 조직과 유착들을 감소시킨다.
- 50Hz가 넘으면, 피로를 유발할 수 있는 강한 근수축이 생성된다. 이것은 근연축을 줄이고, 경우에 따라서, 근력을 강화하기 위해 사용한다.

신경계는 일정한 진동수에 적응하게 된다; 이것을 방지하기 위해, 2가지 지정된 진동수 사이를 오가는 변조 진동수를 사용한다.

펄스 지속시간(펄스 너비)
Pulse duration (pulse width)

이것은 파동이 시작하기부터 끝나기까지의 시간이고 마이크로초(μs) 단위로 측정한다. 대부분의 기구들은 250μs의 지속시간을 생성하고, 이는 대개 제조사가 설정한다. 펄스의 너비가 넓을수록, 전류의 효과가 크다(더욱 강력한 자극). 근육 수축이 필요할 때 대개 이 효과를 사용한다.

파동 방출 형태
Wave emission mode

이것은 전류가 가해지는 방식을 나타낸다. 일정한 전류가 치료 시간 내내 계속해서 가해지고, 일반적으로 통증 관리, 부종 완화, 수축된 근육들의 이완에 사용된다. 단속 전류는 치료를 하는 동안 설정된 간격마다 켜지고 꺼진다. 급성 단계에서, 지속시간이 짧아야 하고 켜지는 시간/꺼지는 시간의 비율은 넓어야 한다(1:1). 만성 단계에서, 지속시간은 증가해야 하고 비율은 1:4 또는 1:5로 단축되어야 한다. 전류의 세기를 올리는데 걸리는 시간은 진입 시간(ramp time)이라 부른다. 진입 시간이 길수록, 반려견이 치료를 더욱 편안하게 느낀다.

극성
Polarity

이것은 전자의 흐름 및 전류의 방향과 관련이 있다. 이것은 갈바닉 전류와 이온이동 기법에서만 중요하다.

파동 부하
Wave loading

이것은 조직 내 전류의 축적을 뜻한다. 이것은 마이크로쿨롱(μC) 단위로 측정한다. 교류는 양의 위상과 음의 위상을 갖고 있으므로, 종합 전하는 0이 된다.

전극의 유형
Types of electrodes

전기는 효과를 발휘하기 위해 신체로 전달되어야 한다; 이것을 위해 전극이 이용된다. 피부 위에 경피 전극들을 위치시킨다. 이 전극들은 반려견과 기기 사이의 접점을 구성하므로, 전기 치료법의 중요한 부분이다. 치료를 하는 동안 일어나는 많은 문제들은 전극때문이다(예: 접촉 불량).

다양한 전극의 유형들이 존재한다 - 고무, 금속(스폰지), 접착제, 등 - 각각의 장단점이 있다(**그림 3**).

크기와 관련해서, 전극이 작을수록, 이것을 통과하는 전류의 세기는 강해진다.

그림 3. 다양한 유형의 경피 전극들에 대한 예시.

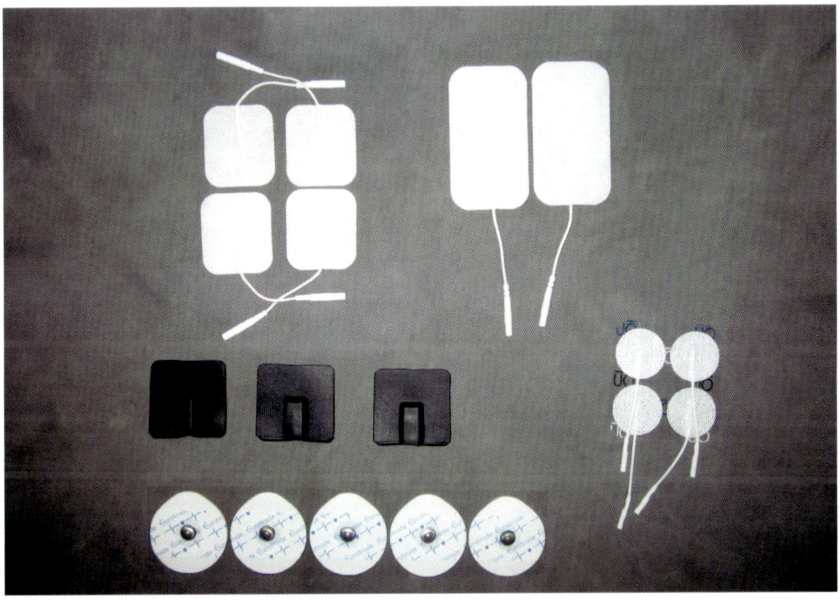

전기 치료법의 분류	
전류의 유형에 따라	직류: 갈바닉 전류와 유도 전류
	교류: 낮은 진동수, 간섭 전류(중간 진동수), 단파와 극초단파(높은 진동수)
생리적 효과에 따라	전기화학적(이온교환): 갈바닉 전류
	동전기적(근육 수축): 낮은 진동수의 교류, 갈바닉 전류, 간섭 전류
	열: 단파와 극초단파(높은 진동수)

생리적 효과 Physiological effects

사용된 치료 유형과 매개변수에 따라, 감각 신경 섬유들 또는 운동 신경 섬유들이 자극될 수 있다(**그림 4**).

1] 운동 자극(관절 운동이 없는 근육 수축)은 다음을 얻는데 도움이 된다(**그림 5**):

- 근력 강화
- 근긴장도 상승
- 근연축 감소
- 정맥 순환 촉진
- 림프 및 동맥 흐름 촉진
- 유착 생성 예방
- 섬유성 조직의 스트레칭
- 결합 조직의 질 향상(콜라겐 정렬)

2] 감각 자극(진통 효과):

- 척수 게이팅 기전(the spinal gating mechanism)을 통해(척수 뒷뿔에서의 엔케팔린 생성 자극)
- 엔돌핀 생성을 통해
- 하행성 억제 경로 자극을 통해(세로토닌 경로)

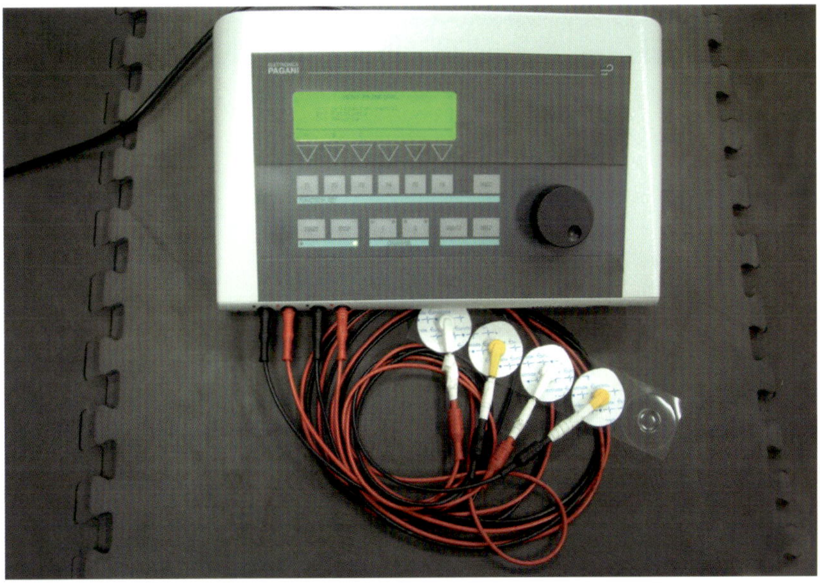

그림 4. 다양한 매개변수의 전류 사용 장치.

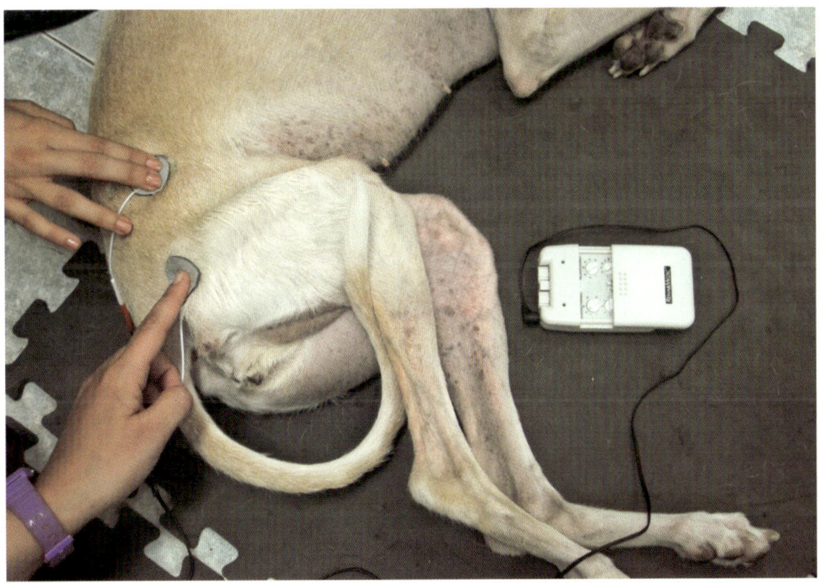

그림 5. EMS. 볼기근의 이는 곳과 닿는 곳에 전극들을 위치.

전기 자극 치료법의 일반적 적응증과 목표

- 근육 수축: 신경 지배 근육들과 탈신경 근육들 둘 다
- 진통 효과
- 근막 통증 증후군(통증유발점들)
- 수동 울혈
- 경화와 섬유증(치유)

전기 자극 치료법의 일반적 금기증

- 암
- 출혈 경향
- 급성 염증(근육 수축)
- 대뇌를 가로지르는 사용
- 심장 위
- 임신한 자궁 위
- 감각이 저하된 부위
- 피부에 상처가 있는 부분
- 근육 수축이 금지될 때
- 혈관 질환
- 관절의 수동적 가동

경피신경 전기자극
Transcutaneous electrical nerve stimulation(TENS)

TENS는 경피 전극들을 통해 피부 아래의 신경들에 전류를 적용한다.

이 유형의 전기 자극 치료법은, 높은 주파수, 약한 세기의 전류들을 사용(고전적 TENS)하거나, 이와는 대조적으로, 낮은 주파수, 강한 세기의 전류들을 사용(낮은 주파수 TENS)한다. 둘 다 고통을 의식적으로 느끼지 못하게끔 직경이 큰 구심성 신경 섬유들을 자극(문 조절 이론 gate control theory, Wall & Melzack, 1965)하거나 척수의 앞뿔에서 엔돌핀의 분비를 자극하여 진통 효과를 보인다.

TENS 기구(그림 6)는 대개 사용법이 간단하고, 비싸지 않으며, 휴대가 쉬우므로, 애완동물 소유자가 집에서 사용하여 매일 애완동물의 통증을 완화할 수 있는 좋은 선택사항이다.

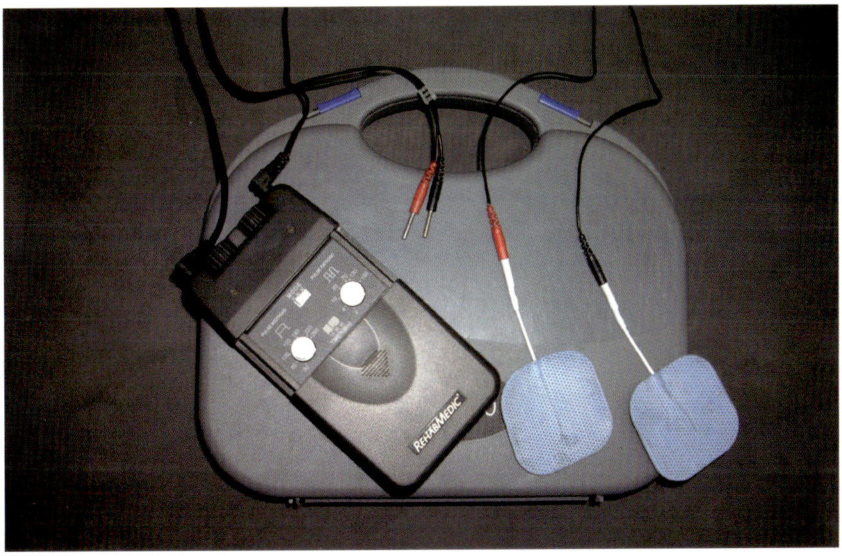

그림 6.
TENS 기구.

고전적 TENS는, 50–100Hz의 진동수와 200-220μs의 파진폭을 사용한다; 자극이 감각 자극의 레벨안에서 머물기 때문에 반려견은 저릿한 느낌을 받는다.

낮은 주파수의 TENS는, 1–5Hz의 진동수와 같은 파진폭을 사용한다. 하지만, 세기가 고전적 TENS보다 강하고 운동 신경 세포의 레벨에 도달하거나 심지어 통각 자극에 도달하여, 반려견이 보다 불편함을 느낀다(**그림 7과 그림 8**).

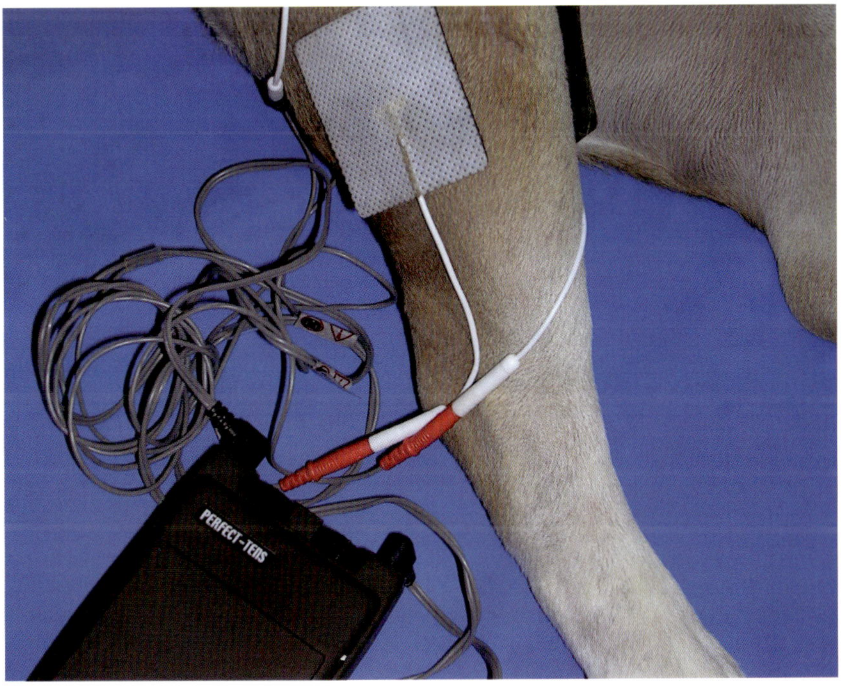

그림 7. 뒷무릎 관절에 TENS를 사용.

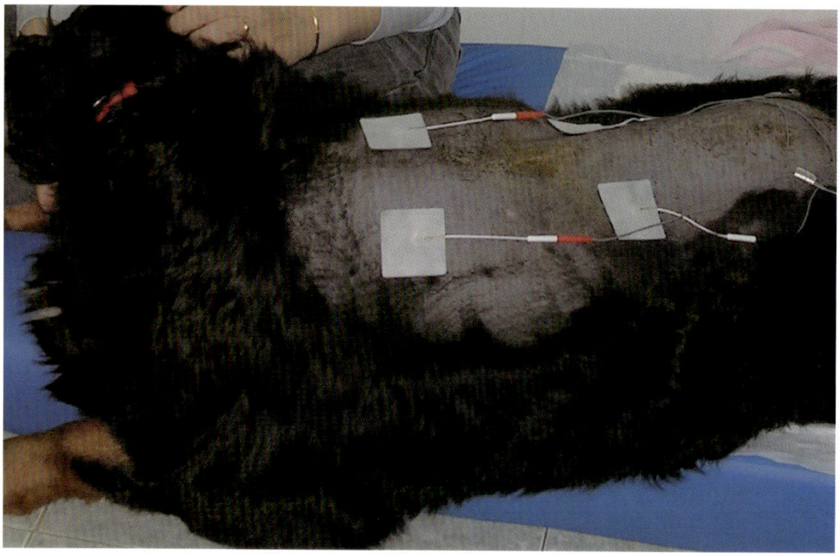

그림 8. 척주 위로 TENS를 사용.

고전적 TENS에서 사용 시간은 짧아야 하고(15분 이하) 효과는 대개 오래 지속되지 않는다. 낮은 주파수의 TENS는 엔돌핀 분비가 일어날 시간을 주기 위해 20-30분간 사용해야 한다; 고전적 TENS보다 진통 효과가 오래 가는 경향이 있다.

TENS의 적용증

- 급성 통증: 15분의 적용 시간 후 척수 게이팅 기전을 통해 차단(문 조절 이론)
- 만성 통증: 엔돌핀 분비를 통해 차단, 20-45분 후 효과가 발생한다.

TENS의 금기증

- 접착성 전극에 대한 반응
- 심장박동기(Pacemaker)
- 목동맥팽대(Carotid sinus) 위
- 임신
- 이전에 언급한 바와 같은, 전기 자극 치료법에 대한 일반적 금기증

간섭 전류 전기 자극 치료법
Interferential electrical stimulation

이 유형의 전기 자극 치료법은 2가지 중간 진동수로 조작된 2가지 교류 전류를 교차 패턴으로 결합한다; 이들의 상호작용은 높은 진동수의 전류를 생성한다.

목표는 피부 저항을 이겨내고 심부 조직으로 침투하는 동시에, 반려견의 불편함을 완화하는 것이다.

간섭 전류는 감각 레벨 세기와 높은 진동수(80-100Hz)로 15분간 사용하고, 그렇게 함으로써 고전압 자극 또는 TENS와 같은 효과를 얻는다.

전극들은 치료가 필요한 부위에서 전류들이 서로를 교차하게끔 위치시킨다(**그림 9**).

이러한 전기 자극기들은 대개 다양한 유형의 간섭 전류에 대한 사용이 가능하다, 예를 들어:

- 정적평면성(isoplanar): 전류의 세기는 치료의 시작에서 끝까지 고정된다.
- 방향성(vectorial): 양 전류의 세기가 치료 과정동안 변하여, 전류가 치료 부위를 360°로 휩쓰는 느낌을 준다(**그림 10**).

그림 9. 무릎뼈 탈구의 사례에 간섭 전류 전기 자극 치료법의 사용.

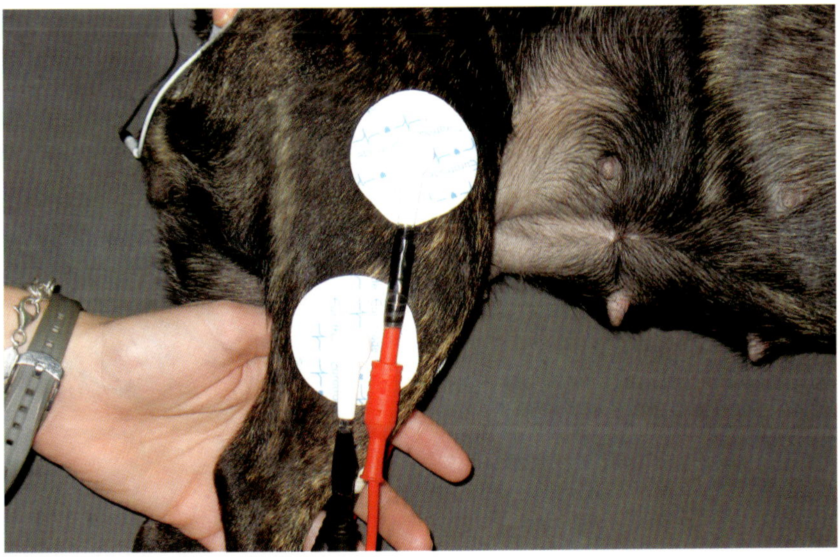

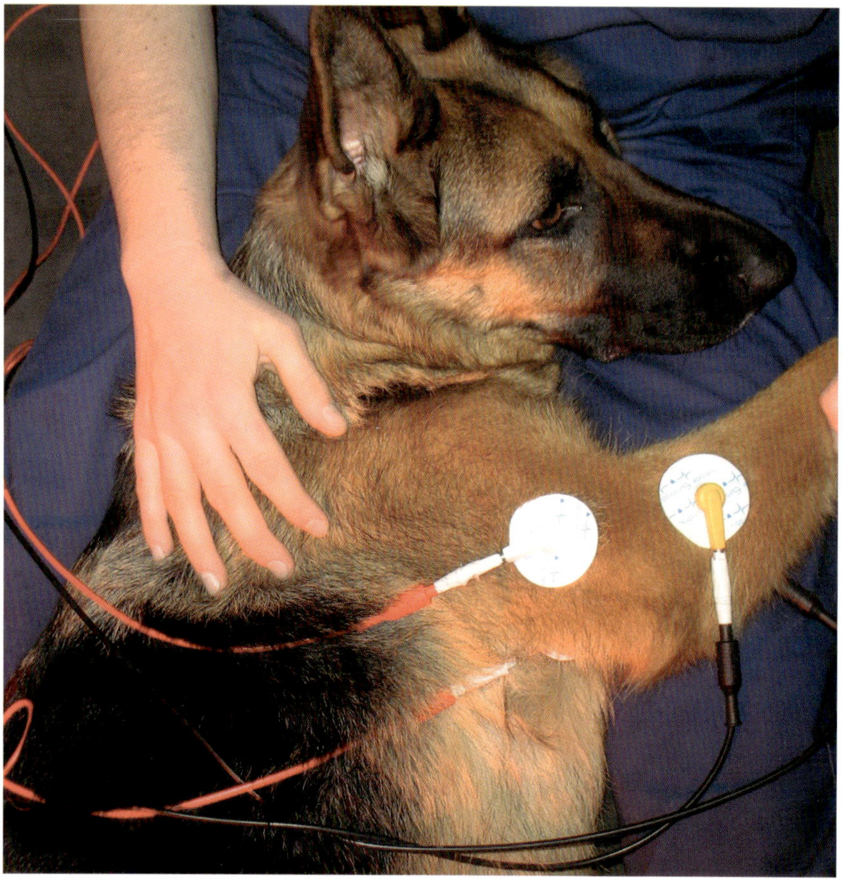

그림 10.
저먼 셰퍼드의 앞발꿈치에 간섭 전류 치료법의 사용.

이 전류 유형의 장점은 이것의 효과들과 관계 있다. 피부 저항을 이겨냄으로써, 보다 약한 세기가 사용되고, 이로 인해 전류가 반려견에게 더욱 편안해진다. 게다가, 전류들이 서로를 교차하기 때문에 조직 속으로 더욱 깊숙히 침투하게 한다. 간섭 전류는 이러한 2가지 특징들로 인해 통증 및 근연축을 완화하고 조직의 치유를 촉진하는 유용한 치료법이다.

간섭 전류 자극법의 생리적 효과

- 급성 반려견들의 경우 진통 효과(척수 게이팅 기전과 하행성 억제 경로의 자극을 통해)
- 세포 과정들의 자극(치유)
- 교감신경계(SNS)의 억제, 순환 촉진(염증 물질들의 감소를 통한 진통 효과)

미세전류 치료법
Microcurrent therapy

미세전류 치료법(미세전류 전기 자극 치료법 또는 MENS로도 불린다)은 펄스형의 마이크로-암페어 및 저전압 자극이다. 이것은 감각 이하 레벨에서 작동하는데, 즉 의식적 역치 아래이다(반려견은 아무것도 지각하지 못한다). 세기가 활동 전위 아래이므로, 미세전류는 감각 신경이나 운동 신경을 탈분극시킬 수 없다.

미세전류 자극법의 생리적 효과
■ 세포막의 투과성 변화 ■ 세포 내 칼슘 농도 증가 ■ ATP 생산 증가 ■ 단백질 합성 증가 ■ 섬유모세포의 활동 증가

이것의 생리적 효과들(위 참조) 덕분에, 미세전류 자극법은 통증의 치료를 위해서 그리고 조직 치유 및 복구를 위한 보조 치료법으로서(아래 참조) 사용된다. 이 전류 유형의 금기증들은 일반적인 전기 자극 치료법에 기술된 바와 같다.

여전히 사용되는 매개변수들은 비교적 경험에 의거한다. 하지만, 1-5Hz의 진동수(만성 반려견들에겐 더 낮게, 급성 반려견들에겐 더 높게), 큰 파진폭(200-500μs), 0.5-1mA의 세기로 직류(분극)을 사용하는게 일반적이다. 치료 시간은 10분 정도 소요된다.

미세전류 자극법의 적응증과 목표
■ 진통 효과(세포막 복구를 통한 간접적 기전) ■ 근연축 ■ 부종 ■ 관절 삼출 ■ 운동 범위(관절 궁)의 제한 ■ 치유

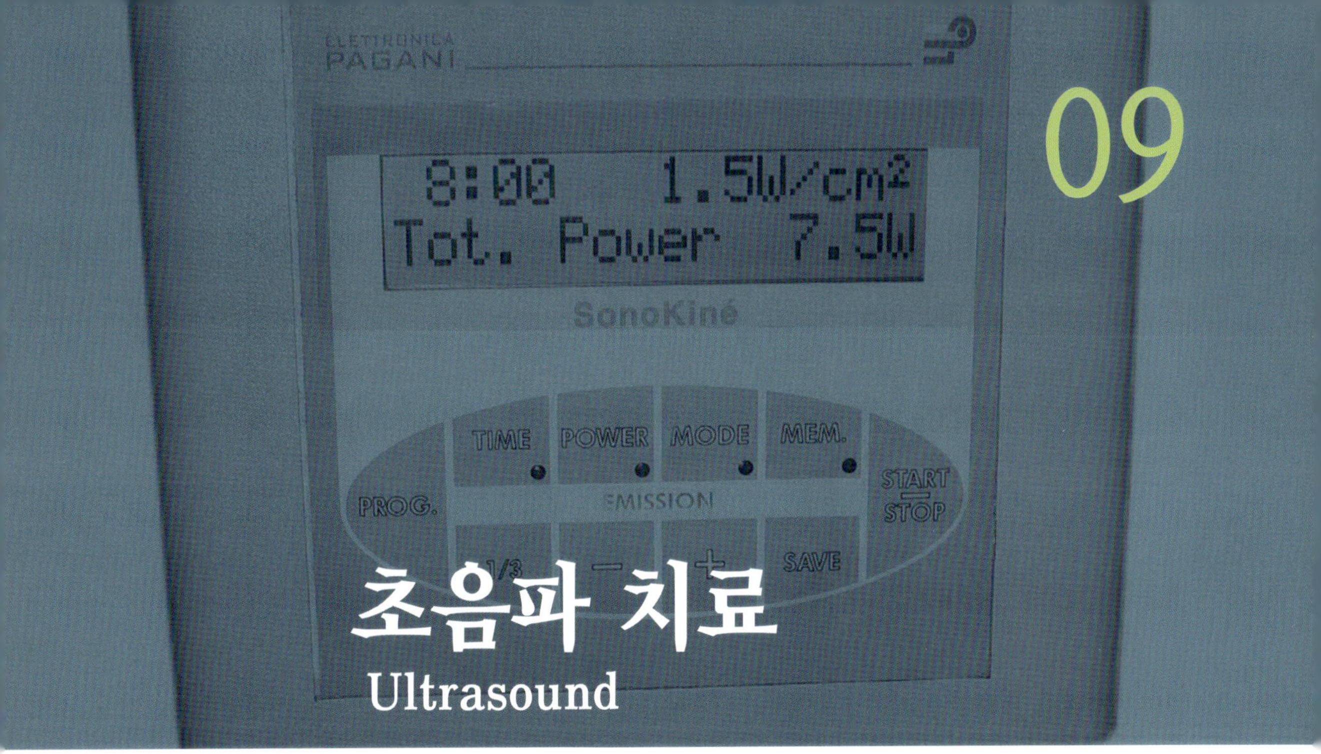

09

초음파 치료

Ultrasound

초음파 치료는 물리치료에서 광범위하게 사용된다; 이것은 아마 가장 널리 사용되는 치료 방법이면서, 가장 널리 오용되는 치료 방법이기도 하다. 이것은 통증과 염증부터 윤활낭염 석회화에 이르기까지 매우 다양한 질환들에 사용된다.

초음파는 1.1-3.3MHz의 주파수를 가진 음향 에너지로 구성되어 있다. 주파수가 높을수록, 침투 깊이가 낮은데, 이는 3.3MHz의 주파수로 턱관절과 같은 표층부의 관절들을 치료할 수 있음을 뜻한다.

초음파의 에너지는 석영 또는 PZT(티탄산 지르코산 염) 진동자(crystal)를 이용해 전기 에너지를 역학 에너지로 변환시켜서 생성한다. 전류는 진동자를 팽창시키고 수축시켜서, 전기 에너지를 음파 형태의 역학적 에너지로 변환시킨다. 이것을 압전 효과(piezoelectric effect)라 부른다. 역학적 진동은 조직들로 전달되고 분자 진동을 발생시킨다. 이것은 마찰을 발생시켜서, 역학적 에너지를 치료받는 조직 안의 열 에너지로 변환시킨다.

초음파의 치료 효과는 조직에 따라 다양하다. 일반적으로, 초음파는 고도로 기질화 된 조직들(인대와 힘줄)에 특별한 친화성을 갖고 있는데, 이는 이 유형의 조직이 선택적으로 가열되는 것을 뜻한다. 다량의 액체를 함유한 조직들(예: 지방과 근육)은 온도가 크게 상승하지 않는다. 뼈막과 같은 다른 조직들에는, 초음파 치료의 사용이 바람직하지 않은 효과를 보인다.

초음파 기계 Ultrasound machine

초음파 기계는 비교적 단순하다(**그림 1**). 이것의 구성품은 다음과 같다:

- 에너지원
- 고주파 발생기
- 변환기 또는 전극(결정)

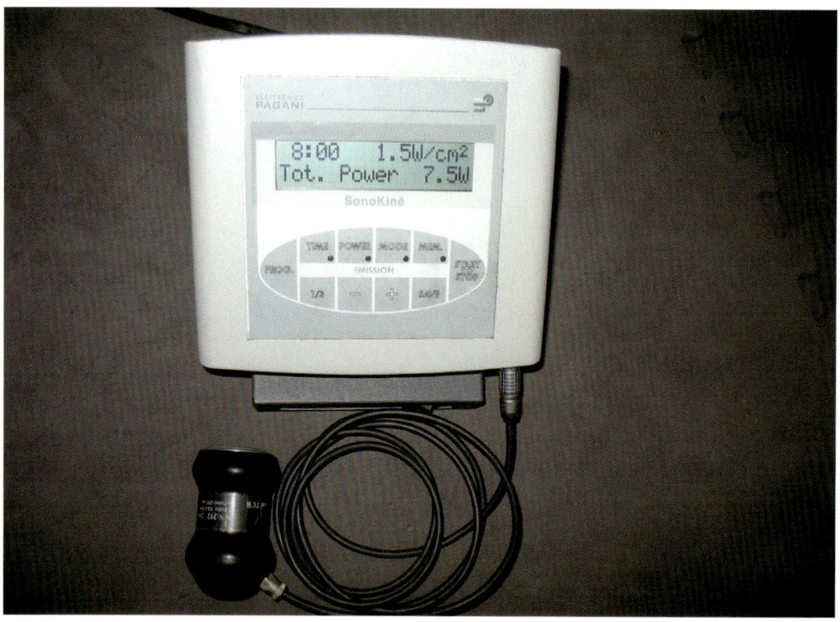

그림 1. 초음파 기계.

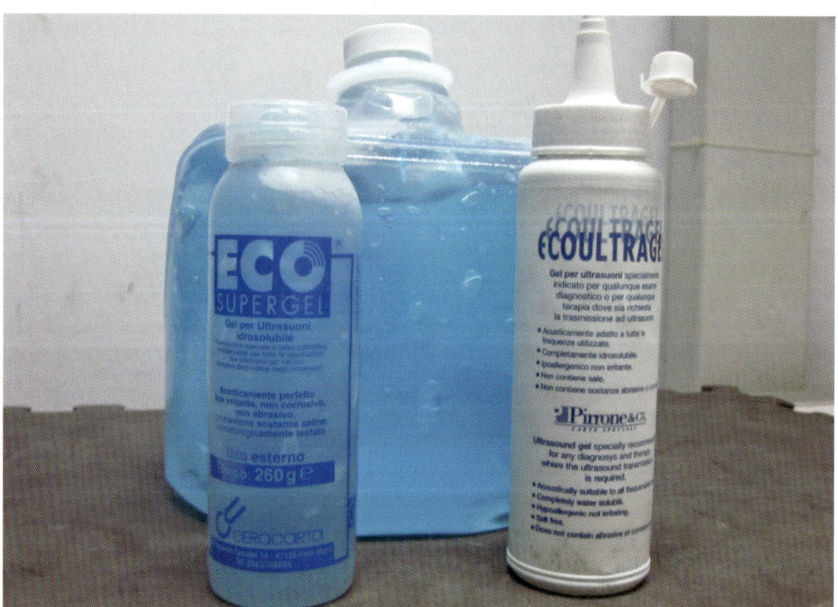

그림 2. 초음파 치료 사용을 위한 겔.

음파의 전도

Conduction of sound waves

음파는 공기를 통해서 잘 이동하지 못한다. 음파 에너지를 조직들로 전달하려면, 전극과 반려견 사이에 액체 매질이 필요하다; 이것은 어떠한 종류의 상용 겔 또는 심지어 아이스 팩의 물도 된다(그림 2).

치료 실패는 전극과 피부 사이의 접촉 불량일 수 있다. 최신 기계들은 이 오류를 검출할 수 있고 전류를 끄는 동안 일종의 경고를 할 수 있다.

침투

Penetration

초음파 치료의 음파는 4-6cm 깊이를 침투한다. 수분 함량이 높은 조직들(피와 근육)은 이 음파를 잘 전달한다. 앞서 언급한 바와 같이, 고도로 기질화된 조직들(힘줄과 인대)은 에너지를 흡수하기 때문에, 초음파가 이러한 구조들의 병변 치료에 특히 적합하다.

파동의 종류

Types of waves

2가지 종류가 존재한다: 종파와 횡파(그림 3).

- 종파는 소리의 전파 방향과 평행하게 발산되고 모든 유형의 조직에서 생성된다.
- 횡파는 소리의 전파 방향과 수직하게 발산되고 고체에서만 생성된다(액체나 가스에서는 생성이 안된다).

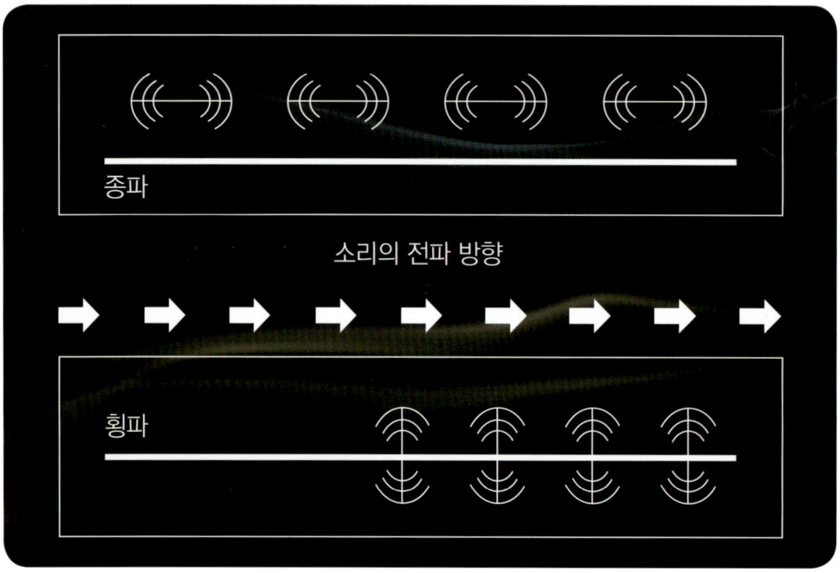

그림 3. 종파와 횡파의 전파.

종파의 35%가 뼈에 의해 반사되고 뼈 표면과 뼈막 사이에서 반향하는데, 이는 뼈막에 화상을 입힐 수 있다. 이 효과를 최소화하기 위해서는, 치료하는 동안 전극을 계속해서 이동시키는 것을 권장한다.

생리적 효과
Physiological effects

- 열적 효과. 열적 효과들은 모든 심부 열 치료에서와 동일하다: 조직의 온도와 국소적 신진대사가 증가하고, 조직들은 더욱 유연해지며 국소성 순환이 촉진된다.
- 비가열 효과. 다음과 같을 수 있다:
  - 화학적: 조직들의 화학 작용이 촉진된다.
  - 생물학적: 세포막의 투과성이 변화시킨다(상처 치유).
  - 역학적: 분자 구조가 변형된다(공간형성 cavitation).
  - 음향 흐름: 세포막의 확산 속도와 투과성을 변화시킨다(단백질 합성과 상처 치유).

임상적 사용법
Clinical use

반려견 준비사항 Patient preparation

원칙적으로, 반려견은 초음파를 느낄 수 없지만, 초음파가 저릿한 감각을 유발할 수 있다. 초음파 치료를 시작하기 전에, 치료사는 이것의 사용법에 대한 금기증들을 잘 알아야 한다(131쪽에 기술).

털은 음파의 전달을 왜곡하기 때문에, 겔과 전극을 사용하기 전에 털을 자르고 피부를 깨끗하게 해야 한다(**그림 4**). 모든 금속 물체들은 반려견한테서 제거되어야 한다. 반려견과 전극 모두에 겔을 충분히 발라야 한다.

매개변수 Parameters

세기 Intensity

초음파의 세기는 부상의 유형 및 단계와 부위의 두께에 따라 결정된다(**표 1**).

초음파가 물속에서 사용되면, 표1의 매개변수에 $0.5 W/cm^2$를 더해야 한다.

전극은 "과열점 hot spot"을 방지하기 위해 계속해서 움직여줘야 한다: 과열점들은 전극 안에 에너지가 높은 곳과 낮은 곳이 있기 때문에 생긴다(**그림 5와 그림 6**).

표 1. 부상과 부위의 두께에 따른 초음파의 세기

부상의 단계	부위의 두께	초음파의 세기 (제곱 센치미터 당 와트)
급성	얇음(예: 뒷발목)	0.5 to $1 W/cm^2$
	두꺼움(예: 넓적다리, 엉덩이)	1.0 to $1.5 W/cm^2$
만성	얇음	1.0 to $1.5 W/cm^2$
	두꺼움	1.5 to $2 W/cm^2$

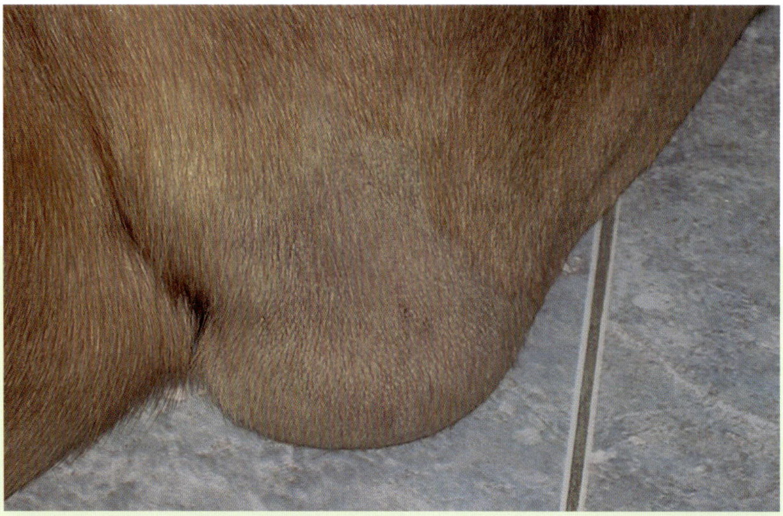

그림 4. 치료 부위는 깨끗히 씻기고 털을 깎아야 한다.

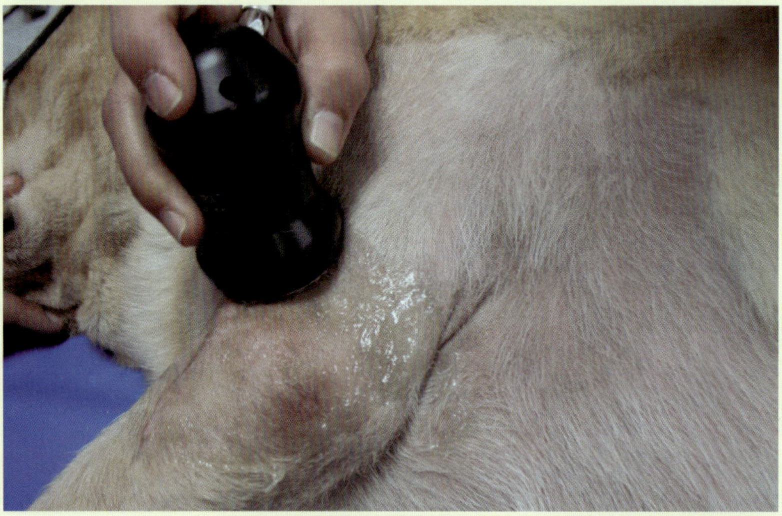

그림 5. 가쪽곁인대의 손상과 앞발꿈치 관절이 탈구된 반려견에게 초음파 사용.

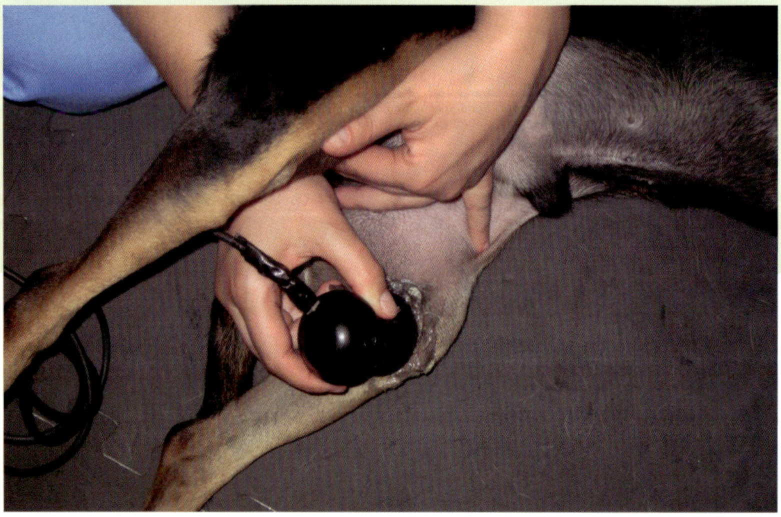

그림 6. 뒷발꿈치 관절의 안쪽곁인대에 초음파 사용.

동작 주기 duty cycle

- **연속 모드**: 에너지가 진동자들을 끊임없이 통과하고 심부열을 발생시킨다. 이 모드는 만성 질환에 더 많이 사용된다(유착, 근막염).
- **펄스 모드**(50%, 30%, 20%의 동작 주기): 이것은 열을 발생시키지 않기 때문에, 염증의 급성 단계에서 사용될 수 있다. 초음파는 치료하는 동안 간헐적으로 생성된다; 온-오프 주기가 존재하므로, 발생된 열이 가라앉을 시간이 있다(**그림** 7).

주기는 부상의 상태에 따라 선택된다. 일반적으로, 보다 급성이거나 통증이 심할수록, 치료의 세기가 약해진다.

그림 7. 비가열 펄스형 초음파는 생성되는 열의 양을 줄인다.

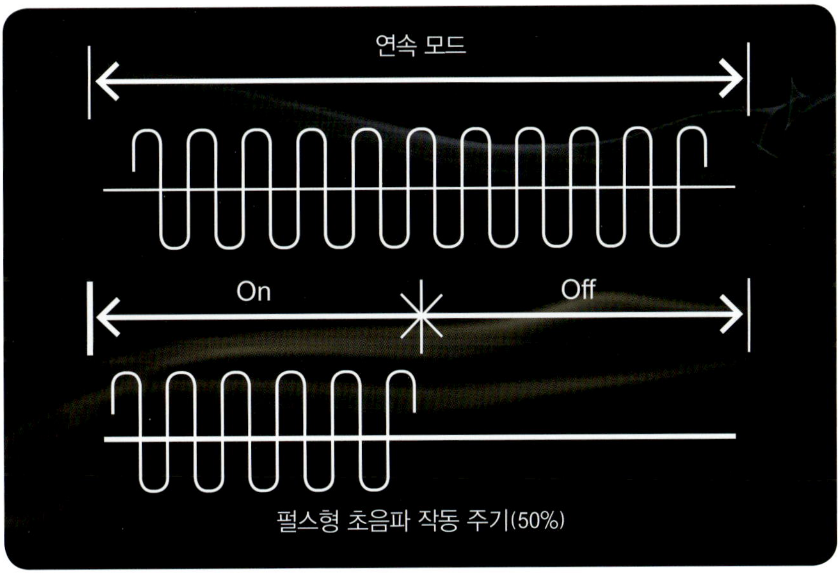

치료 시간 Treatment duration

초음파 치료 시간은 다양하다. 처음 몇 분이 가장 큰 효과를 보이지만, 일반적으로 10-15분 동안 사용된다; 7-8분을 초과하는 치료들은 불필요하다.

다음은 초음파 치료 시간에 대한 지침이다:

- **급성 단계**: 4-6분, 또는 그 이하(2-3분).
- **만성 단계**: 6-8분.

초음파 사용에 대한 권장사항

- 전극을 항상 반려견에 접촉 시킬 것(미접촉은 변환기의 손상을 유발한다).
- 겹치는 원을 그리면서 느리고 끊임없이 전극을 움직이거나 앞뒤로 평행하게 훑으며 이동시킬 것(그림 8).
- 골막이 화상을 입을 수 있으므로, 전극을 어떠한 부분 위에 계속해서 두지 말 것(돋보기에 햇빛을 비추듯이, 에너지가 집중된다).
- 작은 뼈 영역의 치료를 위해 수중에서 초음파를 사용할 수 있다. 물은 미지근해야(급성 단계에서는 차갑게) 하며 전극은 치료 부위에서 2.5-5cm 떨어진 곳에 위치시켜 느리고 끊임없이 이동시킨다. 보다 강한 자극이 발생한다.

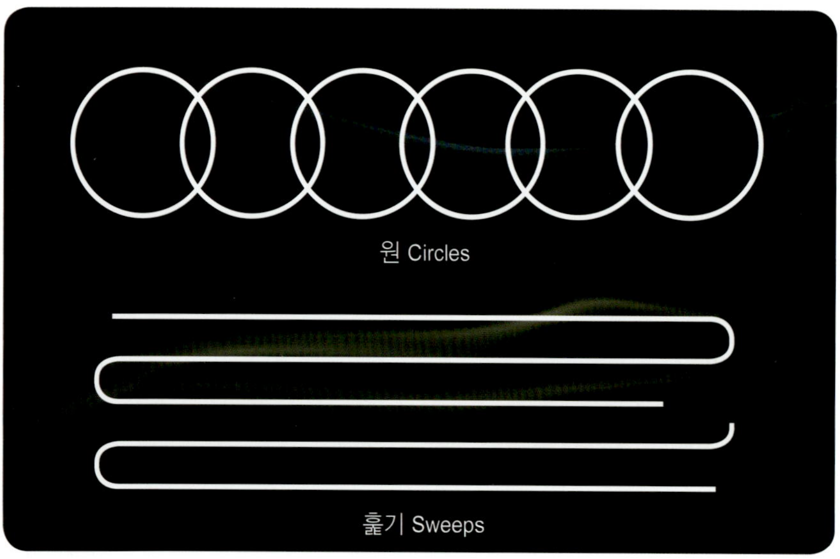

그림 8. 뼈막에 유해한 영향을 감소시키기 위해 사용되는 전극 움직임의 유형들.

초음파 치료를 사용할 때 주의사항

- 전극을 끊임없이 이동시킬 것.
- 항상 전극과 반려견 사이에 충분한 윤활이 유지돼야 한다.
- 돌출된 뼈에는 초음파의 사용을 피할 것(가시돌기, 정강이뼈 능선, 어깨뼈봉우리).
- 척주를 치료할 때는, 먼저 한 쪽을, 그 후에 다른 쪽을 치료하며, 가시돌기에는 사용하지 않는다.
- 신경 얼기나 표재 신경들에는 사용하지 말 것.
- 목동맥이나 목의 배쪽(ventral) 부분에는 사용하지 말 것.

초음파 치료의 적용증

- 급성 및 만성의 근골격계 질환(근육염, 피막염, 윤활낭염, 힘줄염 등)
- 근막 통증유발점 증후군
- 근연축
- 신경통
- 석회화
- 뼈관절염
- 관절 구축
- 뿌리 신경병증(radicular neuropathy)

초음파 치료의 금기증

- 감염
- 말초 혈관 질환
- 말초 신경병증
- 암
- 금속 삽입물
- 뼈끝(epiphysis) 위
- 임신한 자궁 위
- 항응고제를 복용하는 반려견
- 돌출된 뼈 위
- 신경 얼기 위
- 심장박동기 근처
- 눈, 심장, 생식기관, 뇌 위

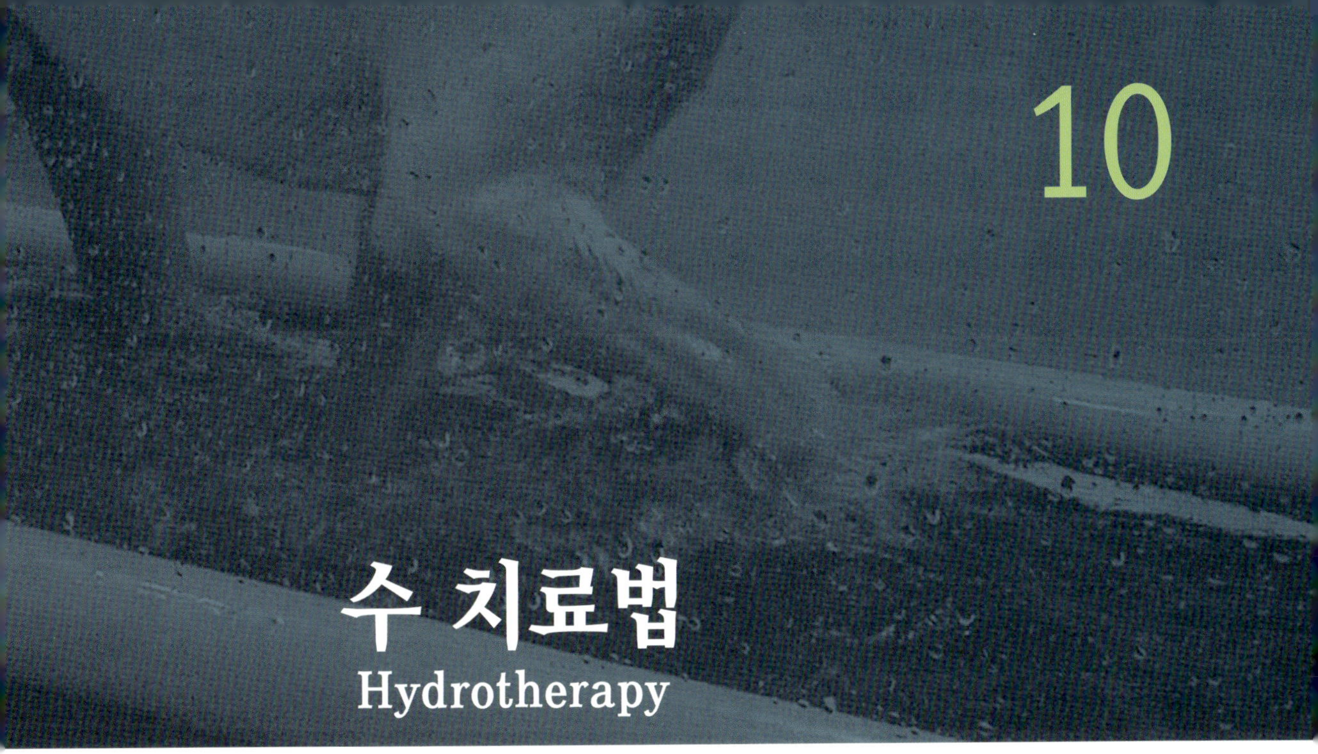

10

수 치료법
Hydrotherapy

수 치료법(hydrotherapy)은 능동 저항 운동요법에 포함되는 치료 양식의 하나이다; 하지만, 물의 특별한 속성과 재활치료에서의 사용법으로 인해, 한 장을 할애하게 되었다.

물의 속성 Properties of water

물은 수많은 자연적 속성을 갖고 있는데, 이 속성들이 갖고 있는 반려견에게 이로운 특성으로 인해 재활치료에서 사용되기에 적합하다. 이러한 속성들은 다음과 같다:

- 상대 밀도와 부력
- 점도
- 저항력
- 정수압
- 표면 장력

상대 밀도와 부력 Relative density and buoyancy

신체가 물에 잠기면, 상반된 2가지 힘을 받게 된다: 중력과 부력. 중력은 지구 중심으로 신체를 당기는 힘이다; 부력은 잠겨있는 신체에 물이 행하는 수직으로 가해지는 힘(중력에 반대되는)으로 정의된다. 부력은 아르키메데스 원리를 따르는데, 이것은 유체에 잠겨서 움직이지 않는 어떠한 물체가 수직으로 가해지는 위로 향하는 힘을 해당 물체가 밀어낸 유체의 무게만큼 받는다는 것을 말한다.

부력은 밀려난 유체의 부피가 잠긴 신체의 상대 밀도에 달려 있으므로, 상대 밀도와 관련이 있다.

상대적 밀도는 물체의 무게와 같은 부피를 가진 물의 무게 사이의 관계이다. 이것은 물체의 구성에 따라 달라지고 물체가 얼마나 쉽게 떠오르는지를 결정한다. 예를 들어: 지방의 상대 밀도가 물의 상대 밀도보다 낮기 때문에, 더 높은 상대 밀도를 가져서 가라앉는 경향을 보이는 뼈보다 잘 떠오른다.

물의 이 속성 덕분에, 비만 동물들은 상대 밀도가 마른 체형의 동물들보다 낮으므로, 더욱 큰 부력을 받는다. 이것은 물 속에서 과체중의 동물이 활동할 때 나타나는 흥미로운 특징인데, 이는 뼈관절염 반려견들에게 종종 나타나는 현상이다. 수중 트레드밀에 같은 깊이의 물이 있는 상태에서, 비만 동물은 마른 체형의 동물보다 관절에 더 적은 무게를 부과한다(그림 1).

부력은 사지에 가해지는 하중을 줄여주므로, 근육들(위축증)과 관절들의 재활치료에 도움이 된다. 하중은 수심에 의해 결정된다: 뒷발목뼈와 같은 수심에서 91%를, 뒷무릎관절과 같은 수심에서 85%를, 엉덩이와 같은 수심에서 38%를 감소시킨다.

점성과 저항력 Viscosity and resistance

점상은 유체 안 분자들 간의 결합력에 의해 발생하는 마찰에 대한 저항력이다. 물 안의 저항력은 공기에서보다 높다, 이는 공기에서보다 물에서 움직이기가 더 어렵다는 것을 의미한다. 따라서, 물은 근력 향상과 심혈관 저항을 향상시키는데 도움이 된다.

점성은 또한 구심 감각을 강화하고, 관절의 안정성을 도우며, 낙상을 예방한다(하반신 불완전마비 반려견들) (그림 2).

점성에 의해 생성되는 저항력은 움직이는 속도에 비례한다. 즉: 물을 통한 움직임이 빠를수록, 저항력이 크다. 결과적으로, 수중 운동 시 저항력은 걷는 속도가 빨리지거나 물과의 접촉면을 증가시키거나, 다른 유형의 물 분사의 추가를 통해 증가한다.

그림 1. 물의 상대 밀도와 부력은 비만 반려견이 물에서 상대적으로 민첩하게 움직일 수 있게 해준다.

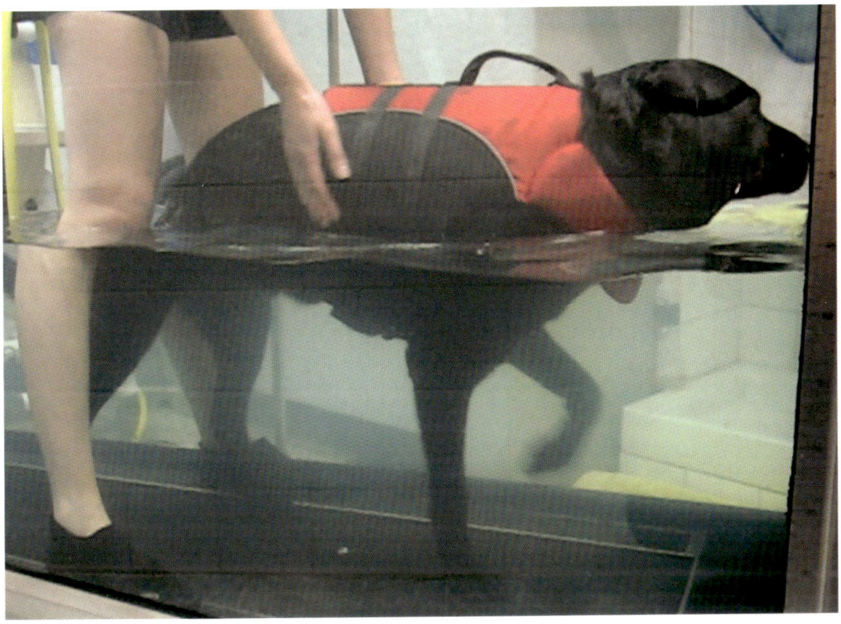

그림 2. 물은 불완전마비 반려견들을 지탱하는데 도움을 준다.

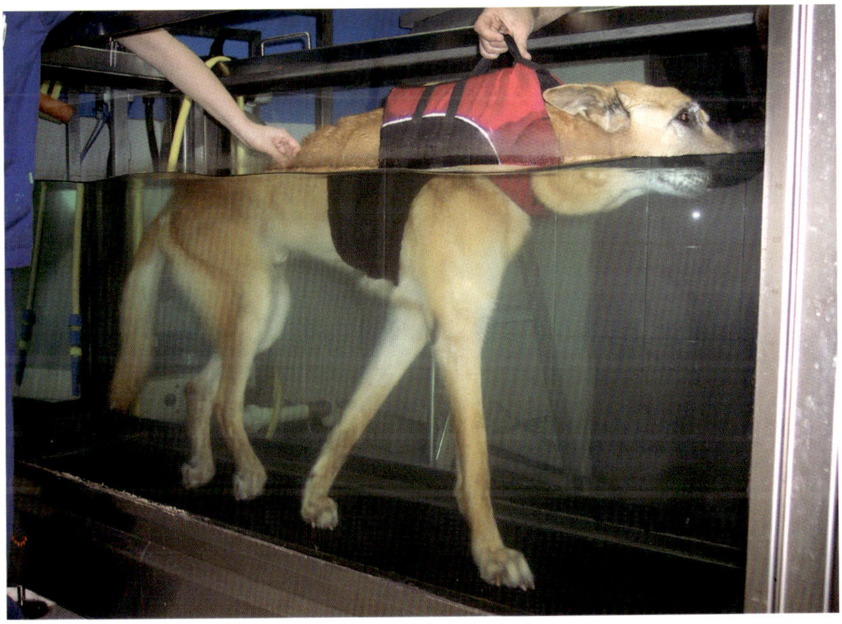

정수압 Hydrostatic pressure

파스칼의 법칙에 따르면, 가만히 잠겨있는 신체에 가해지는 유체의 압력과 지정된 깊이에서의 압력은 모든 표면적에서 동일하다. 이 압력은 깊이와 조직 밀도에 정비례한다(깊을수록, 압력이 크다).

정수압은 일정한 압력을 잠겨있는 신체에 가하는데, 이는 염증과 부종의 완화에 도움이 된다. 혈액과 림프의 흐름 또한 부분적으로 압력과 운동 그 자체로 인해 개선된다.

정수압은 구심 감각들의 증가를 통해 통증 인식을 감소시켜서, 반려견이 움직이기 쉽다고 느끼게 한다.

표면 장력 Surface tension

이것은 물에서의 경우와 같이, 주로 표면에서, 분자가 서로 달라붙는 경향(응집력)으로 정의된다. 이 속성은 표면에서의 움직임에 대한 저항력을 증가시킨다. 이 효과는 반려견이 본인의 사지들을 물에서 들어올렸을 때에만 중요해진다(그림 3).

물의 치료적 효과

반려견에 대한 치료적 효과들은 물의 모든 물리적 속성으로부터 파생된다:

- 근력 강화
- 근지구력 향상
- 심폐지구력 향상
- 운동 범위 증가
- 민첩성 증가
- 통증 완화
- 행복감

그림 3. 수심을 낮추면, 반려견은 자신의 사지를 물에서 들어올려서 더 많은 관절 운동을 하도록 자극받는다.

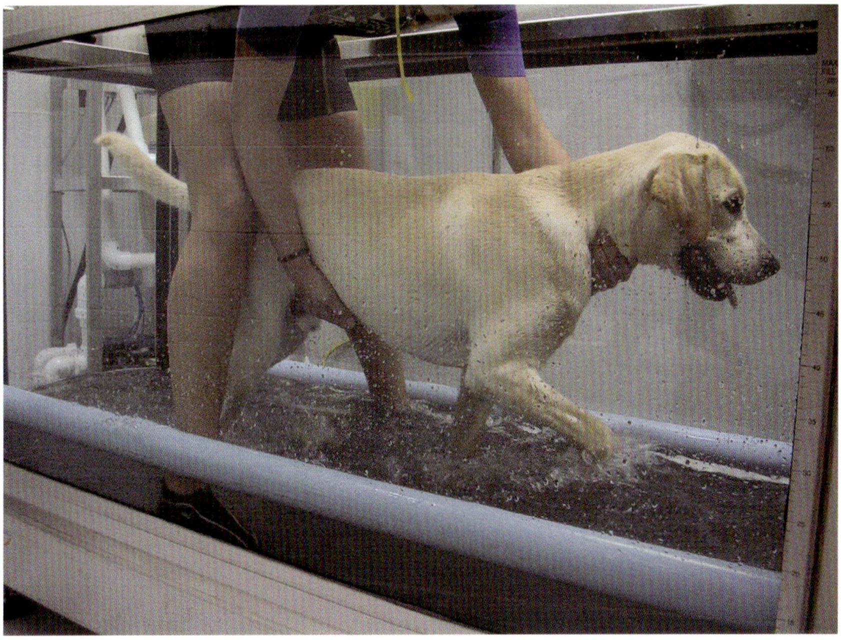

수 치료법의 종류 Types of hydrotherapy

수 치료법의 많은 양식들이 존재하고, 각기 다른 치료적 목표, 장점, 단점이 있다. 각각 몇 가지 제한 요소들이 있고, 어느 하나를 선택하는 것은 반려견의 특정한 요구사항들뿐 아니라 유통, 인프라, 비용 관련 요인들에 따라 결정된다. 수 치료법 설비(물론, 천연 원료들 제외)의 유지 보수는 경제적 및 노동적인 조건 모두에서 고가인 경향이 있다. 아래의 박스에는 수의학에서 사용되는 몇 가지 수 치료법 양식들이 열거되어 있다.

수의학에서의 수 치료법 양식

반려견에 대한 치료적 효과들은 물의 모든 물리적 속성으로부터 파생된다:

- 수영장
- 수중 트레드밀
- 수중마사지
- 온냉교대목욕
- 천연 수원

수 치료법의 적응증

- 정형외과 수술 후
- 전방십대인자(CCL)가 손상된 뒷무릎관절의 비외과적 안정화
- 수술 치료하지 않은 형성이상증의 관리와 개선
- 신경외과 수술 후
- 비외과적 신경 질환
- 힘줄염과 염좌
- 아급성 및 만성 관절 장애
- 향상된 체력
- 비만 치료
- 사지의 체중 지지를 활성화시키는 것
- 근력 및 고유감각 상실 등

수 치료법의 금기증과 주의 사항

- 불안 증상 반려견
- 열린 상처 또는 회복되지 않은 절개 부위
- 피부 병변들
- 위장 질환
- 내장 질환 반려견에게 주의해서 사용
- 동물의 심폐지구력을 고려할 것

수중 트레드밀 Underwater treadmill

이 수 치료법 양식은 수의학에서 지난 몇 년간 매우 인기가 있었다.

수중 트레드밀의 구입과 설치는 비교적 쉽지만, 이것은 "만병통치약"이 아니다, 즉 병원에서 수중 트레드밀을 사용하는 것을 재활치료와 동일시 해서는 안된다.

이것은 반려견의 필요에 의해 맞춰지고 교육을 받은 검증된 직원이 수행하는 완벽한 재활치료 프로그램이 동반될 때만, 많은 근골격계 및 신경학적 질환의 치료에 매우 유용하다(**그림 4**).

육지 운동의 생체 역학은 수중 운동의 생체 역학과 매우 다르다. 수중 운동에서는, 관절 운동과 안정성이 수심에 따라 다르기 때문에, 수영과 수중 보행 사이에 차이점이 존재한다. 수영은 관절의 굽힘을, 특별히 뒷다리들에서, 활성화한다; 예를 들어, 뒷무릎관절은 걷는 동안 두배로 굽혀진다. 수중 트레드밀 위에서는, 운동 범위가 수심과 트레드밀의 속도에 따라 달라진다. 예를 들어, 목표가 앞발꿈치를 굽히는 활동일 때, 수심은 앞발꿈치의 높이에 유지되어야 하고 트레드밀은 완전 운동 범위를 허용하는 편안한 속도로 설정되어야 한다.

수중 트레드밀 위에서의 운동은 또한 입각기와 한걸음의 길이를 증가시키고, 안정성과 협동능력을 달성하는데 도움을 주며, 근지구력과 근력을 향상시킨다(**그림 5, 그림 6, 그림 7**).

수중 트레드밀 치료 시간과 빈도 및 속도와 수심 설정은 반려견, 문제점, 이전에 받은 수술에 따라 달라지지만, 일반적으로 일주일에 1–2회 10–20분간 트레드밀에서 걷는 것이 대부분의 장애에 적절하다. 구명 조끼를 입히면 반려견을 다루기가 쉽다(**그림 8**).

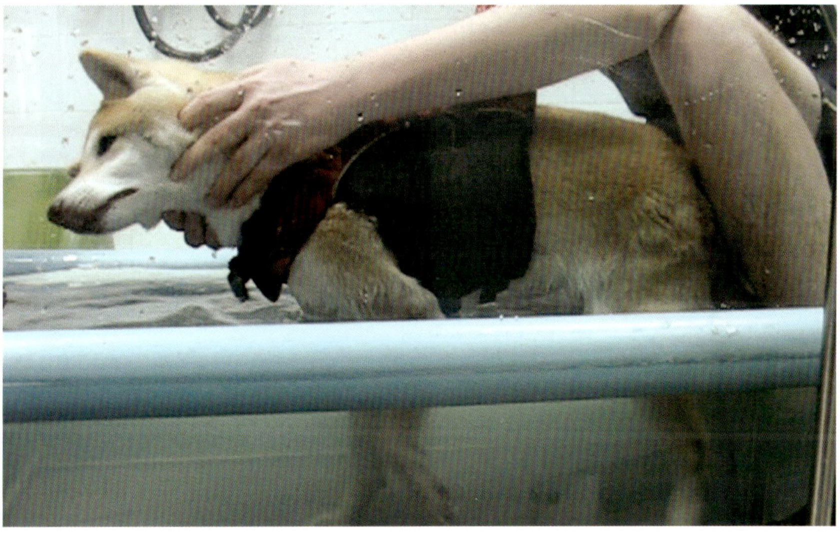

그림 4. 직원은 반려견이 최선의 방법으로 운동을 수행할 수 있도록 준비하고 훈련 받아야 한다.

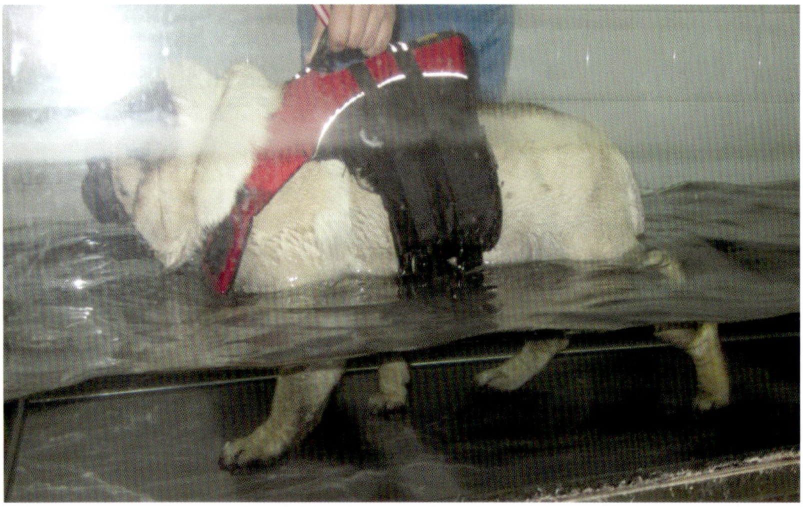

그림 5. 더욱 긴 입각기와 엉덩 관절의 거의 완전한 폄.

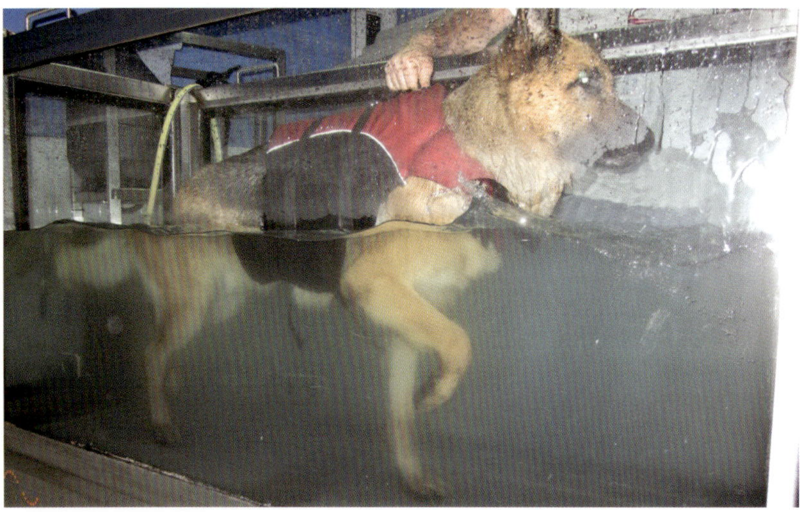

그림 6. 증가된 관절 굽힘각.

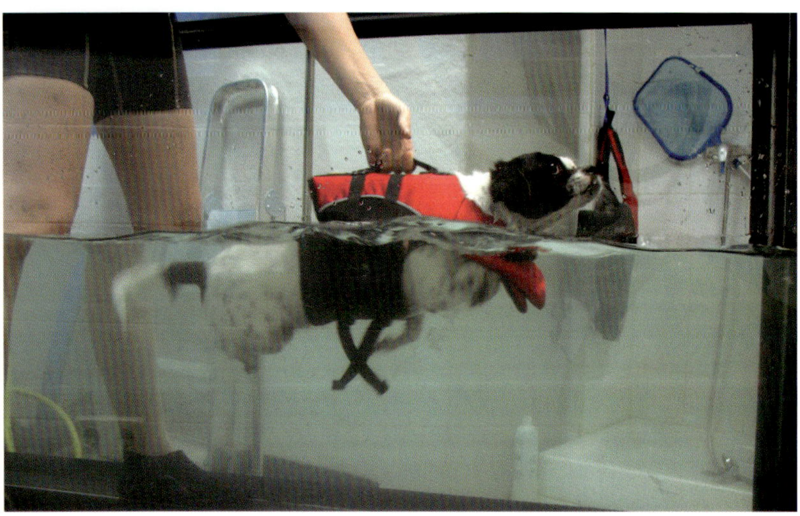

그림 7. 수영: 최대 관절 굽힘.

그림 8. 구명조끼는 반려견을 다루기 쉽게 한다.

경과를 관찰하고 치료에 대한 적절한 변경을 위해, 세션을 시작하기 전에, 기능 평가를 항상 수행해야 하는 것을 명심해야 한다. 수중 트레드밀 치료법은 하루하루 눈에 띄는 결과를 보이진 않는다; 이 과정은 느리고 보호자가 현실을 직시하고 기적을 기대하지 않도록 충고하는 것이 현명하다.

이전에 언급한 바와 같이, 이 유형의 치료법은 수의사가 감독해야 하고 훈련되고 검증된 직원에 의해 사용되어야 한다; 수중 트레드밀의 사용은 일부 반려견들이 견딜 수 없는 심박출량을 요구하는 능동 저항 운동이기 때문에, 일부 반려견들에게 역효과를 보일 수 있다.

이 기계의 유지 보수는 비교적 간단하지만, 시간이 많이 걸린다. 온도(대개 28-32ºC 사이)와 물의 엄격한 위생을 유지해야 한다.

수중 트레드밀의 적응증

- 정형외과 수술 후
- 전방십자인대(CCL) 부상의 비외과적 안정화
- 신경외과 수술 후
- 비외과적 신경 질환
- 뼈관절염
- 아급성 및 만성의 물렁조직 병변들
- 유착들, 흉터 조직
- 근위축증
- 근육 구축

수중 트레드밀의 금기증

- 심장 질환(물이 따뜻하다)
- 호흡기 질환(따뜻한 물과 정수압)
- 저하된 열 감각 능력
- 심각한 말초 혈관 질환
- 출혈의 위험
- 피부 감염
- 설사

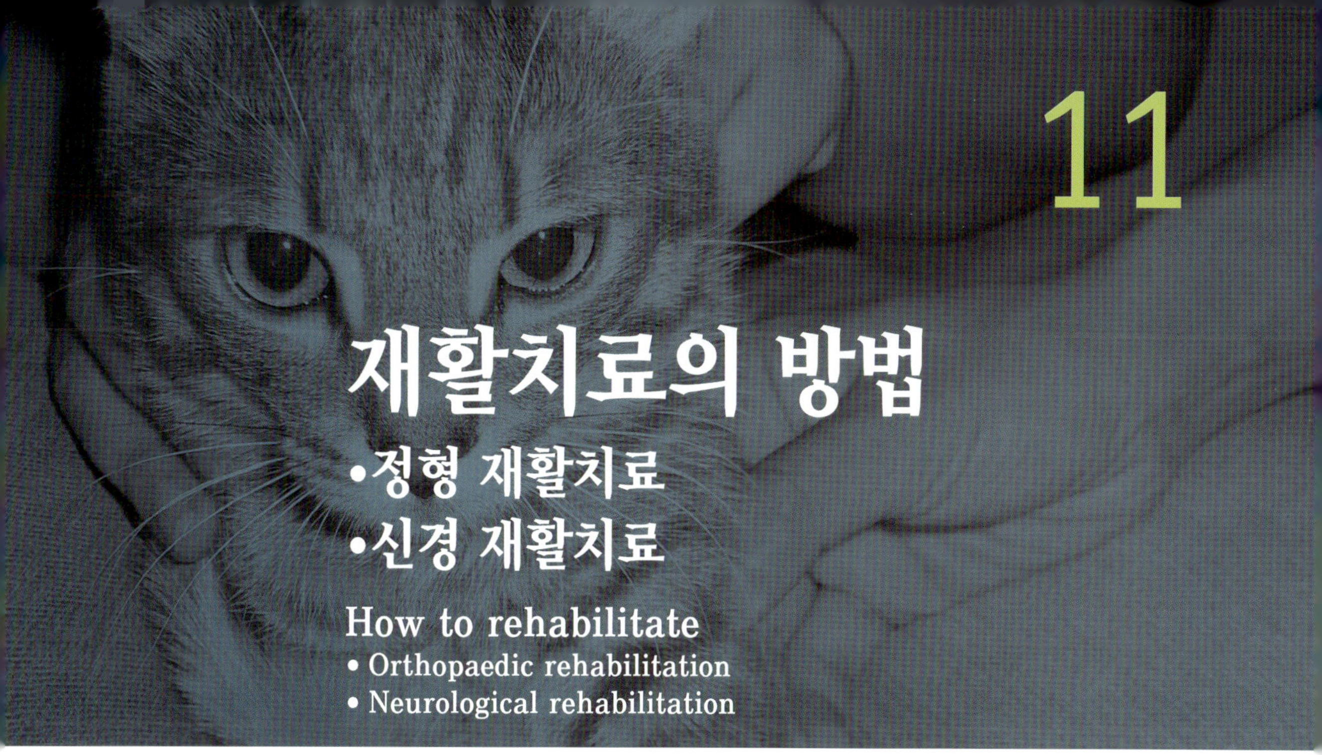

11

재활치료의 방법
•정형 재활치료
•신경 재활치료

How to rehabilitate
• Orthopaedic rehabilitation
• Neurological rehabilitation

외상 반려견 또는 정형외과적 질환 반려견들을 재활치료할 때, 다음 사항들을 명심해야 한다:

- 문제에 대해 철저하게 이해해야 한다(병리 생리학, 치료, 수술).
- 각각의 반려견들은 다르고 재활치료 계획은 개인의 필요에 맞춰져야 한다.
- 반려견은 끊임없이 평가돼야 한다.
- 병변의 단계들과 복구되고 있는 조직의 강도를 잘 이해해야 한다.
- 동반 질환의 가능성을 염두에 둬야한다.

골절 재활치료
Fracture rehabilitation

하나 또는 그 이상의 골절을 보이는 반려견에 대한 재활치료를 할 때 (그림 1), 다음을 명심하라:

- 골절(들)은 안정화되어 있어야 한다.
- 항염증 치료 또는 진통제 통증 치료가 필요하다.
- 치료가 너무 늦게 시작되면, 기동성의 완전하고 영구적인 소실이 발생할 수 있다.

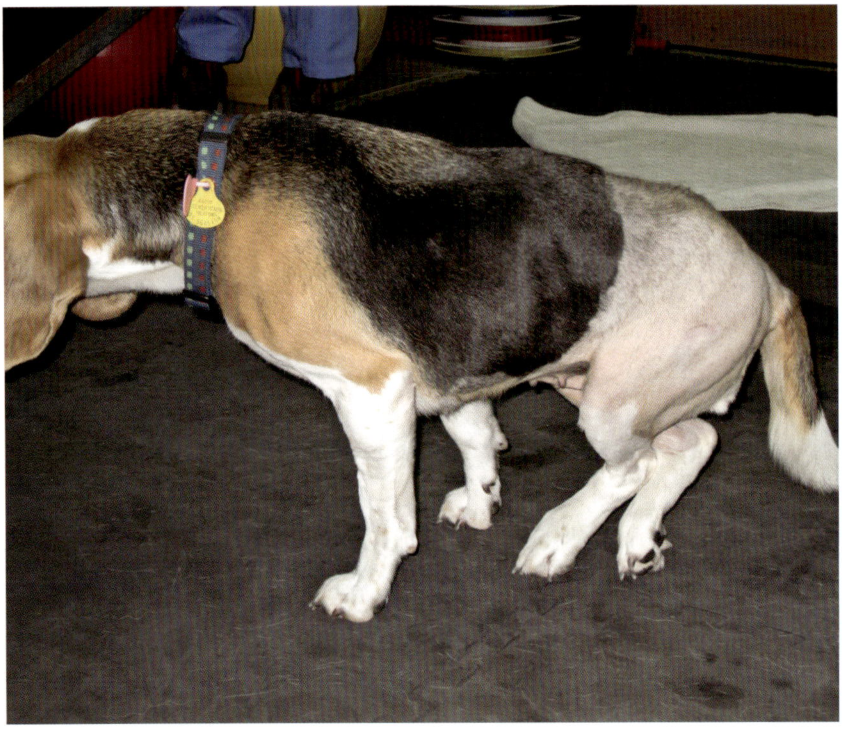

그림 1. 교통 사고로 인한 골반의 다발 골절.

뼈몸통 골절
Fractures of the diaphysis

가능한 재활치료 모델은 다음과 같다:

- **수술 후 1–3일:** 하루에 3–5회 20분간 냉동치료법, 수동 운동요법, 경피신경 전기자극(TENS).
- **1–4주:** TENS, 마사지, 수동 운동요법, 능동 보조 운동요법, 예: 슬링의 보조나 목줄의 인도를 따라 걷기.
- **5–8주:** 마사지, 목줄의 인도를 따라 제한적 걷기, 수중 트레드밀 위에서의 수 치료법, 능동 운동요법, 예: 저강도 운동 치료들.
- **12주 까지:** 마사지, 수중 트레드밀 위에서의 수 치료법, 목줄의 인도를 따라 걷기, 능동 운동요법(중간 강도 운동 치료들).

다양한 치료법들의 목표들은 다음과 같다: 통증과 염증 조절, 운동 범위와 근육 상태 보존

노뼈와 자뼈의 골절에서는, 굽힘 근육들의 수축이 때때로 관찰되고, 이는 앞발목의 기동성 상실로 이어진다. 이 경우, 수동 운동요법과 스트레칭을 사용하고, 구축이 이미 일어난 경우 초음파 치료를 사용하는 것이 중요하다(**그림 2와 그림** 3).

장기간의 고정은 뼈와 근육 양쪽 모두의 불사용위축을 유발한다. 반면, 사지의 조기 사용은 뼈 치유와 뼈의 생체역학적 속성들의 회복에 좋다.

골절의 중증도 및 접합 고정 시스템(coaptive fixation system)과 애벌뼈의 안정성이 운동의 강도, 유형, 빈도를 결정한다.

그림 2. 왼쪽 앞다리 굽힘 근육들의 구축.

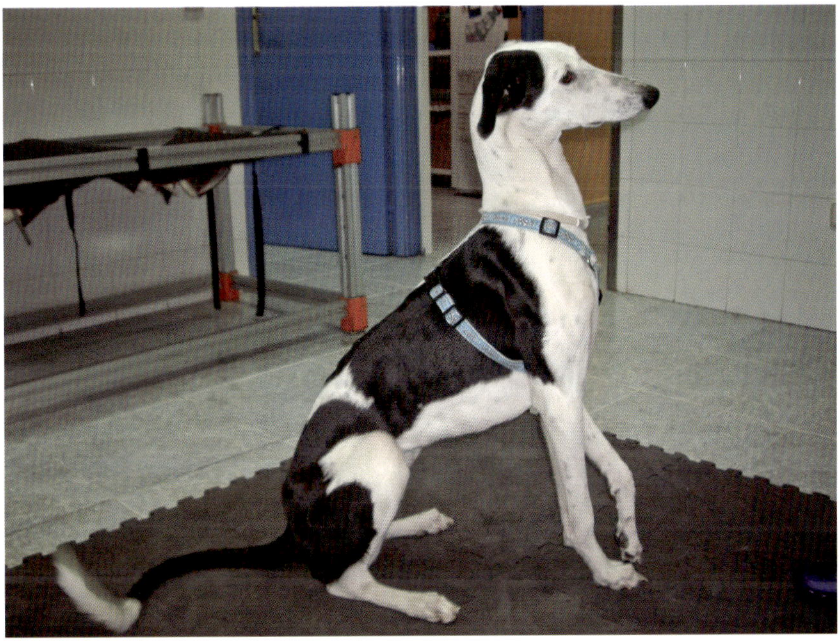

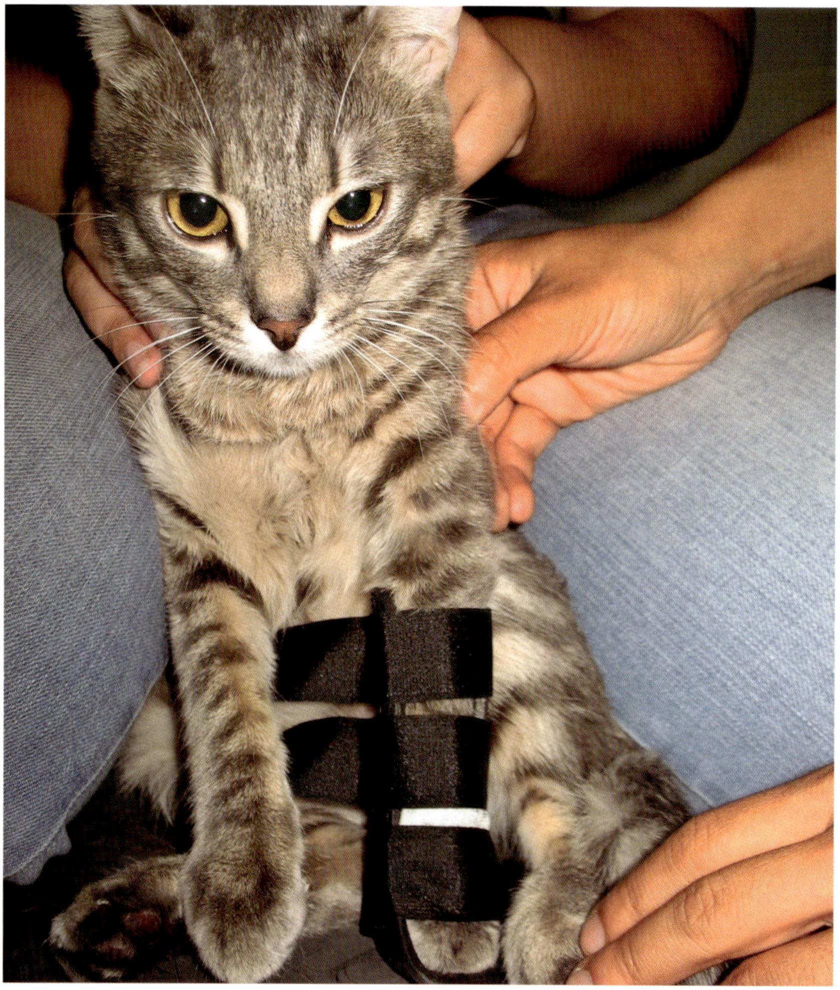

그림 3. 굽힘 근육들의 구축이 발생한 반려묘에게 신장을 계속해서 유지할 수 있게 보조기를 사용.

관절 골절 Joint fractures

가능한 재활치료 모델은 다음과 같다(**그림 4와 그림 5**):

- **수술 후 1–3일**: 하루에 3–5회 20분간 냉동치료법, 수동 운동요법, TENS, 부드러운 마사지.
- **1–4주**: TENS, 마사지, 수동 운동요법, 능동 보조 운동요법(슬링의 보조와 함께 걷거나 목줄의 인도를 따라 통제된 걷기).
- **4–8주**: TENS, 마사지, 수동 운동요법, 목줄의 인도를 따라 통제된 걷기, 수중 트레드밀 위에서의 수 치료법, 능동 운동요법(저강도 운동치료들).
- **12주까지**: 마사지, 수중 트레드밀 위에서의 수 치료법, 목줄의 인도를 따라 통제된 걷기, 능동 운동요법(저강도 및 중간강도 운동 치료들).

다양한 치료법들의 목표들은 다음과 같다: 운동 범위의 보존, 관절주위 섬유증 방해, 뼈 치유 촉진.

운동 범위는 수술 2주 후에 다소 정상적일지 모르지만, 섬유 및 관절주위 조직이 아직 미성숙하기 때문에, 수동 운동요법은 최소한 4주차까지는 제공되어야 한다. 이렇게 하여, 조직 수축과 운동 범위의 소실을 방지한다.

섬유증이 이미 시작되었다면, 재활치료 계획에 온열치료와 횡 마찰 마사지가 포함될 수 있다.

체중 지지와 부하가 없으면 부상당한 다리의 근육들에 긴장과 구축이 발생한다(초음파 치료와 마사지를 사용).

그림 4. 골절된 앞발꿈치에 간섭 전류 전기 자극 치료법의 실행.

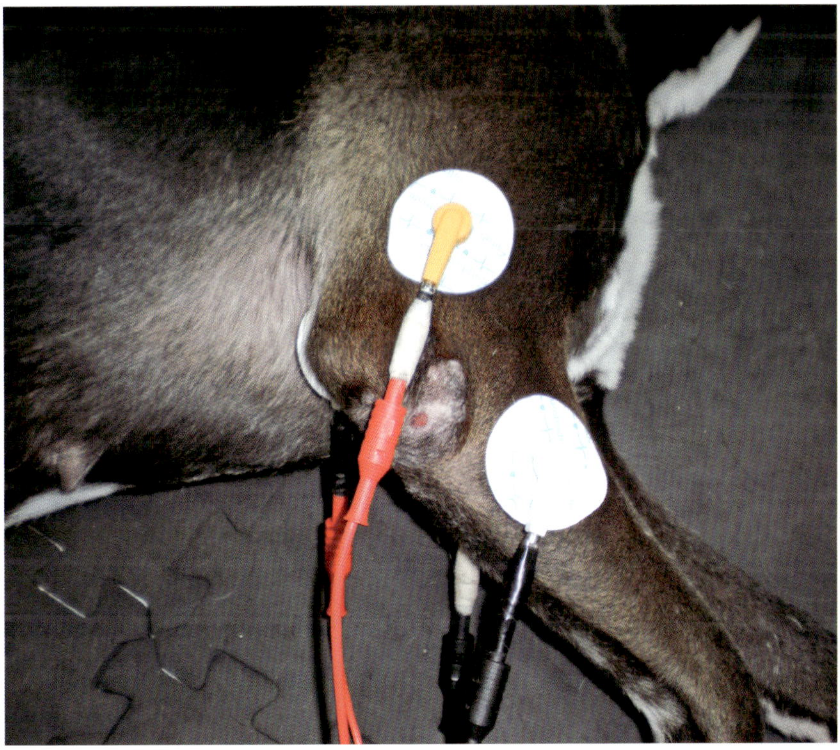

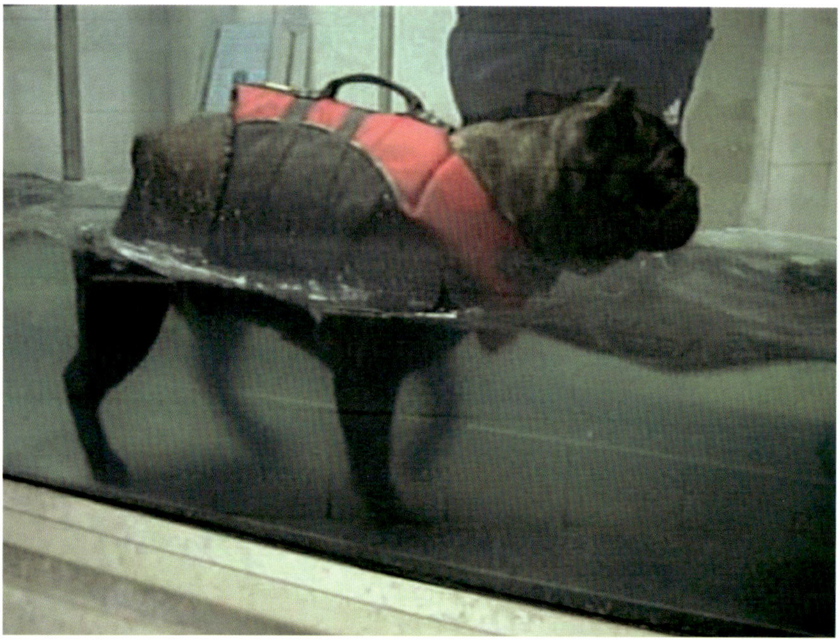

그림 5. 앞발꿈치 골절 반려견에게 수 치료법 세션.

비디오에서 인용함

전방 십자 인대 손상에 대한 재활치료
Rehabilitation of cranial cruciate ligament(CCL) injury

가능한 재활치료 모델은 다음과 같다(**그림 6과 그림 7**):

- 수술 후: 표층 냉동치료법, 수동 운동요법, 부드러운 마사지.
- 2주차: TENS, 마사지, 수동 운동요법, 냉동치료법.
- 3주차(또는 봉합을 풀었을 때): TENS, 마사지, 수동 운동요법, 능동 운동요법, 운동 후 냉동치료법, 수 치료법.
- 4주차: 능동 운동요법, 마사지, 운동 후 냉동치료법, 수 치료법.
- 5주차와 6주차: 능동 운동요법, 마사지, 수 치료법.
- 재활치료 후 절뚝거림이 점점 심해지면, 반려견은 휴식을 취하게 하고 외과 의사에게 검진을 문의해야 한다.

네갈래근들의 생리적 위축은 운동이나 근육을 전기로 자극해서 점차적으로 회복할 수 있다.

그림 6. 전방 십자 인대 손상으로 인한 체중 지지 불가.

그림 7. 웨스트 하일랜드 테리어의 전방 십자 인대 손상에 대한 수 치료법.

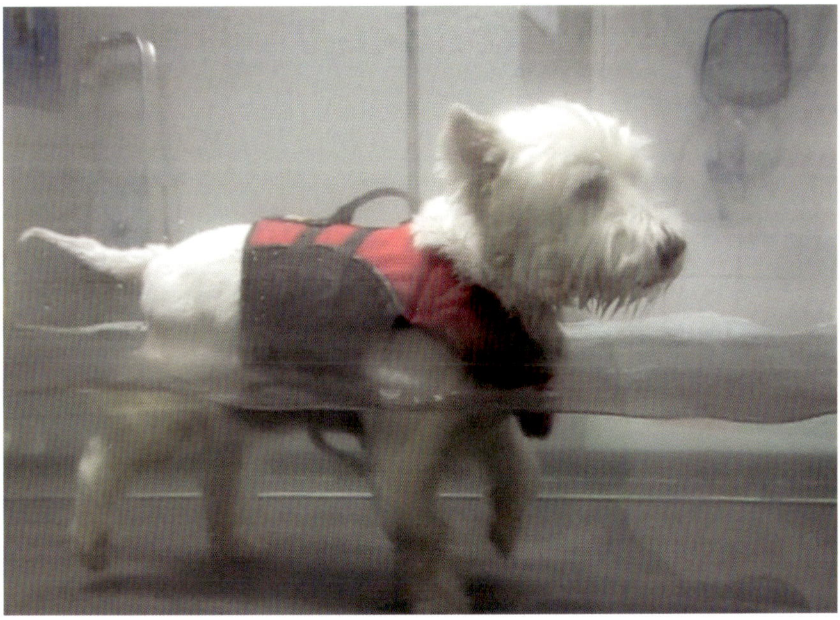

비디오에서 인용함

수영은 재활치료의 첫 단계에서 반려견에게 너무 고강도의 운동이다; 수중 트레드밀 위에서 걷기는 심혈관에 더 낮은 영향을 주는 운동이고, 이것은 물에서 부력을 사용하여 반려견이 부상당한 다리에 체중을 싣는 것을 돕고, 동시에 운동 범위를 늘린다.

엉덩관절 이형성증 재활치료

Rehabilitation of hip dysplasia

보존 치료 Conservative treatment

엉덩관절 이형성증의 보존 치료를 선택하면, 재활치료를 최대 2개월 동안 수행할 수 있다; 반려견을 매주 2-3회 관찰해야 한다. 첫 단계에서, 통증과 염증 관리를 위해 수동 기법들을 사용해야 한다; 반려견의 경과에 따라, 더 많은 능동 기법들을 점진적으로 포함시킬 수 있다.

치료 옵션들은 다음과 같다: TENS, 초음파 치료, 레이저, 단파, 마사지, 수동 운동요법과 스트레칭, 수중 트레드밀 위에서의 수 치료법, 저강도 능동 운동요법(트레드밀, 의자, 장애물 넘기, 비탈면) **(그림 8)**.

보존 치료의 목표들은 다음과 같다: 통증 완화, 움직임의 범위 회복, 볼기근의 근육량 증가.

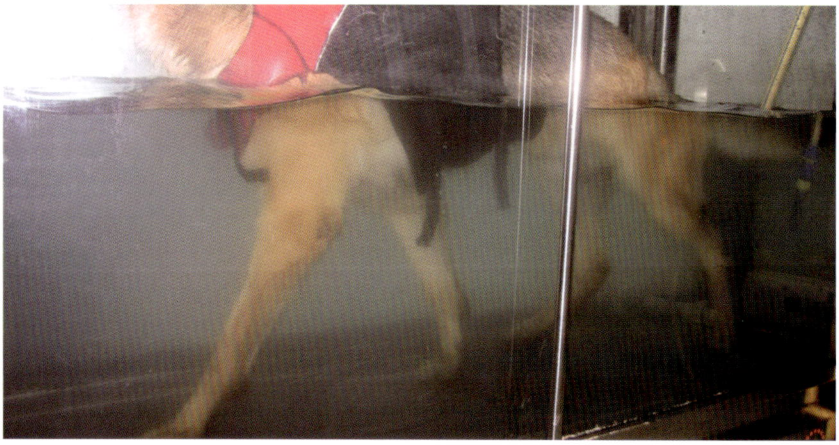

그림 8. 수 치료법을 이용한 엉덩관절 이형성증의 보존 치료.

외과 치료 Surgical treatment

외과 치료가 선택하면**(그림 9)**, 재활치료는 외과적 수술 기법, 반려견의 나이, 뼈관절염의 유무에 따라 달라진다. 모델은 다음과 같다:

- 수술 후 1-3일: 20분간 냉동치료법, 수동 운동 치료법, TENS, 부드러운 마사지, 능동 보조 운동요법(슬링의 보조로 걷기).
- 1-2주: TENS, 마사지, 수동 운동요법, 능동 운동요법(슬링의 보조로 걷기).
- 2-4주: TENS, 초음파 치료, 마사지, 수동 운동요법, 목줄을 따라 또는 슬링의 보조로 통제된 걷기, 수중 트레드밀 위에서 수 치료법.
- 5-12주: 초음파 치료, 마사지, 향상시키기 위한 수동 운동요법, 수중 트레드밀 위에서 수 치료법, 목줄을 따라 통제된 걷기, 적절한 체중 지지와 부하를 성취하고 근육량과 근력을 향상시키기 위한 능동 운동요법(저강도 운동 치료들).
- 16주 까지: 수중 트레드밀 위에서 수 치료법, 능동 운동요법, 마사지를 계속 실행한다. 세션의 빈도는 줄일 수 있다.

엉덩관절 보형물을 착용한 대 반려견

엉덩관절 대체물을 장착한 반려견은, 활동을 줄여야 하고(런닝이나 점프 금지) 능동 보조 운동요법(슬링)을 보다 오래 12주 차가 될 때까지 계속해야 한다. 이렇게 해서, 과장되거나 과도한 움직임들(엉덩관절 벌림을 비롯하여)은 삽입물을 손상시킬 수 있으므로 금지한다. 엉덩관절 교체 후 실행한 운동들은 근육량과 근력의 회복에 초점을 둬야 한다.

넙다리뼈머리를 절제한 작고 가벼운 동물들은 크고 비만이거나 활동량이 적은 동물들보다 회복이 빠르다. 이러한 경우에는, 재활치료가 위에서 언급한 다른 목적들과는 별도로, 과도한 관절주위 섬유증과 그로 인한 기동성의 소실을 예방한다. 체중 지지를 활성화시키고 운동 범위를 가능한 한 정상에 가깝게 유지하는 것(대부분 이러한 반려견은 정상적인 신전을 할 수 없다)이 중요하다.

엉덩관절의 안정성과 가동성을 보존하기 위해서는 볼기근의 근육량을 증가시켜야 한다.

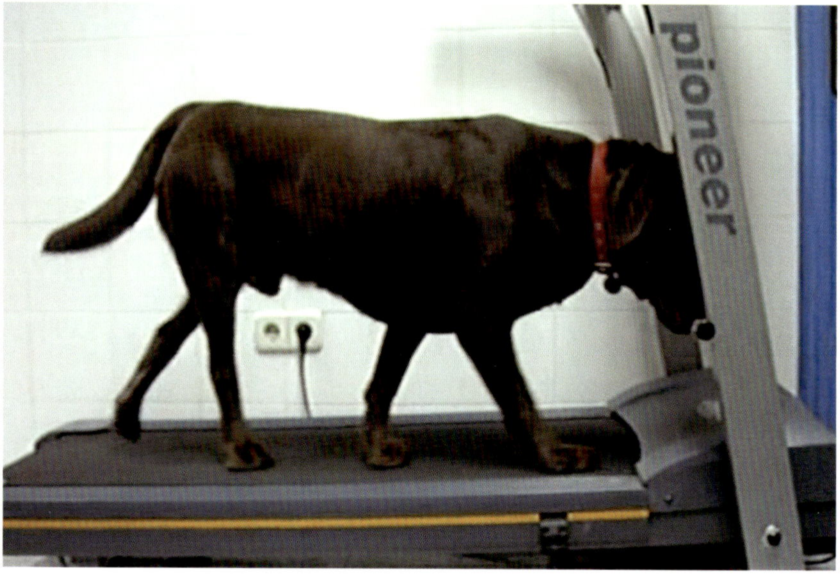

그림 9. 이중 골반절골술을 받은 후 마른 트레드밀을 걷고 있는 반려견.

이 그림들은 비디오에서 인용함

신경 재활치료 Neurological rehabilitation

신경 재활치료는 몇 가지 특징이 있다:

- 프로토콜이 거의 없다.
- 연구개발이 진행 중이다(의학 및 수의학).
- 정확한 진단이 필요하다.
- 보행 및 총체적 운동 기능들에 대한 재교육에 초점을 둔다(이것은 사람에서와는 다르다).
- 안락사 사건의 수를 줄일 수 있다.
- 이것의 성공은 주로 소유자의 인내와 치료사의 기량에 달려있다.

가장 흔한 신경계 장애 Most common neurological disorders

- 뇌신경: 안면 신경병증, 삼차 신경통, 외상 또는 수술 후 전정 기관 질환.
- 척추 질환: 추간판 퇴행성 질환 또는 IVDD(탈출), 섬유연골 색전증(FCE), 워블러 증후군, 퇴행성 척수병증.
- 말초 신경병증: 말초 신경들의 마비.
- 신경근 질환: 다발근육염, 다발신경근신경염(polyradiculoneuritis).

기능 평가 Functional assessment

신경질환이 있는 반려견의 기능 평가는 다음을 포함한다:

- 일반 검사
- 통증 정도 평가
- 장애 정도 평가
- 동태기능 검사
- 신경학적 검사(기본 원칙, 순차적)
- 근육 상태
- 방광에 특별한 주의를 기울여야 한다.

신경 재활치료의 목표들

- 통증과 염증의 완화
- 감각 활동과 운동 활동 회복
- 협동 능력, 균형 감각, 고유감각 향상
- 치유 속도 증가
- 보행 재교육
- 근력 강화
- 위축증 둔화
- 근연축의 완화
- 일상 생활에서의 향상된 기능 및 독립성

목 디스크 Cervical disc herniation

내과 치료 medical treatment

내과적 치료는 반려견이 휴식을 취하는 우리(cage)와 코르티코스테로이드*, 근육 이완제, 진통제, 위점막 보호제, 항산화제(골수의 손상을 줄이기 위해)의 투여로 구성된다.

비수술적 목 디스크에 사용할 수 있는 기법들은 다음과 같다: TENS(통증 관리), 수동 및 능동 보조 운동요법, 마사지.

* 요즘, 이러한 경우들에 대한 코르티코스테로이드의 투여가 논란이 된다.

외과 치료 surgical treatment (그림 10과 그림 11)

목 디스크 수술 후 관리는 다음으로 구성된다:

- 깨끗하고 푹신한 표면 제공(욕창을 예방하기 위해)
- 4-6시간마다 반려견을 돌려주는 것(욕창을 예방하기 위해)
- 호흡기계 관찰(폐렴)
- 체온 관찰
- 필요한 경우, 6-8시간마다 방광을 비워주기
- 관장제 또는 완하제를 사용하여 변비 치료
- 피부를 깨끗하고 건조하게 유지(피부염을 예방하기 위해)
- 고영양 식사와 물 제공
- 재활치료(등-허리 디스크 참조)

이 반려견 유형의 재활치료는 등-허리 디스크의 외과치료 부분에 설명되어 있다.

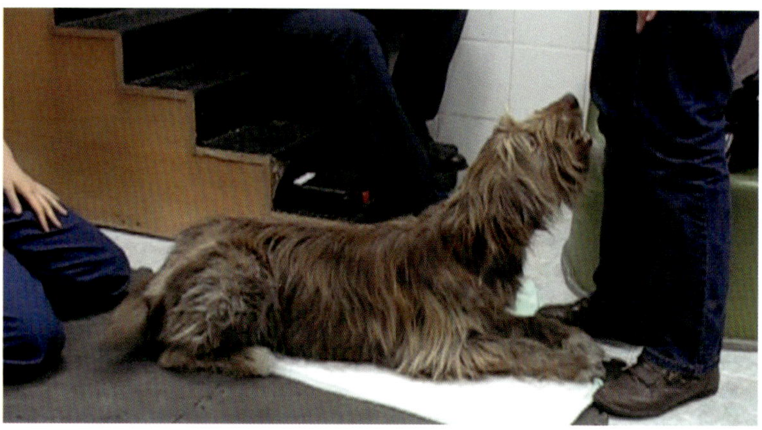

그림 10. 목 디스크를 갖고 있는 반려견의 평가.

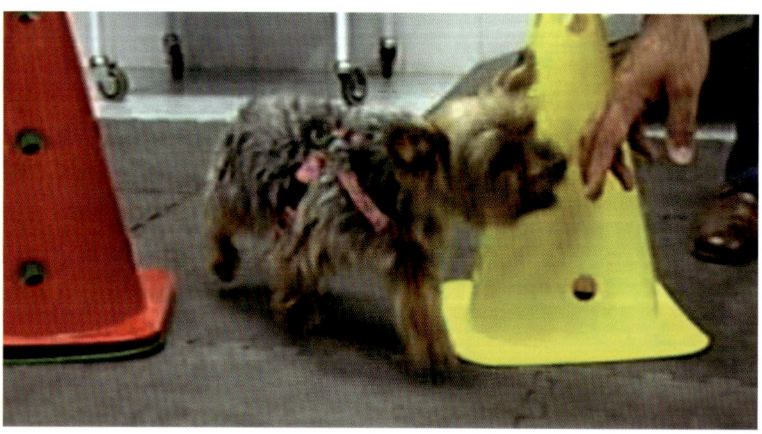

그림 11. 목 디스크를 갖고 있는 반려견에게 능동 운동요법 사용.

이 그림들은 비디오에서 인용함

등-허리 디스크 Thoracolumbar hernia

내과 치료 Medical treatment

등–허리 추간판탈출증 반려견의 보존 치료는 구속(confinement), 24시간 이내 코르티코스테로이드(급성 하반신마비), 근육 이완제, 진통제, 위점막 보호제의 투여로 구성되어 있다. 하지만, 이 경우 긴급히 수술을 받아야 한다.

외과 치료 Surgical treatment

권장되는 치료는 외과적 수술이다. 제 시간에 실시됐을 경우, 그 예후는 아주 좋다: 하반신불완전마비 반려견의 경우 90%, 심부 통증 감각이 있는 하반신마비 반려견의 경우 65%, 심부 통증 감각이 없는 하반신마비 반려견의 경우 50%의 성공률을 보인다.

수술 후 관리에 관해서는, 목 디스크에 설명된 바와 같다. 또한, 반려견들은 5–7일(비수술적 반려견들의 경우 4주)동안 우리에서 절대적으로 안정을 취해야 하고 감염이 발생할 수 있으므로, 비뇨기계를 확인해야 한다.

재활치료 계획에 관하여 **(그림 12-그림 15)**:

- **1단계, 수술 후**: 냉동치료법, 수동 운동요법, 마사지, 사족보행 자세, TENS.
- **2단계**: 수동 운동요법, 능동 보조 운동요법, 수 치료법, TENS, 신경근육 전기 자극(NMES). 이 단계에서, 반려견은 체중을 지지할 수 있다.
- **3단계**: 수동 운동요법, 능동 보조 운동요법, 수 치료법, 신경근육 전기 자극. 반려견은 본인의 사지를 약간 움직인다.
- **4단계**: 수동 운동요법, 능동 보조 운동요법, 수 치료법, 능동 운동요법. 반려견은 사지를 잘 움직일 수 있다.
- **5단계**: 능동 운동요법, 수 치료법. 이 단계에서, 반려견은 정상 상태에 다다른다.

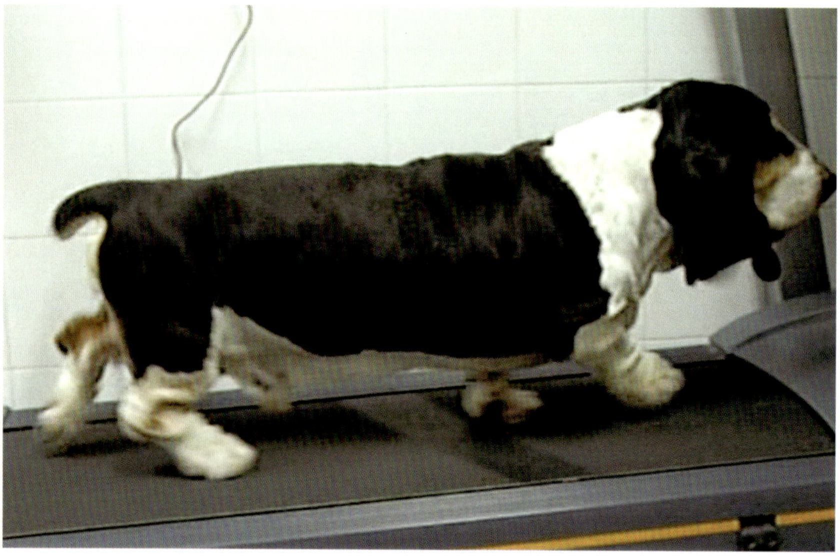

그림 12. 등-허리 추간판 탈출증 반려견에게 능동 운동요법의 사용.

이 그림들은 비디오에서 인용함

그림 13. 등-허리 추간판 탈출증을 앓고 있는 닥스훈트에게 능동 운동요법 사용.

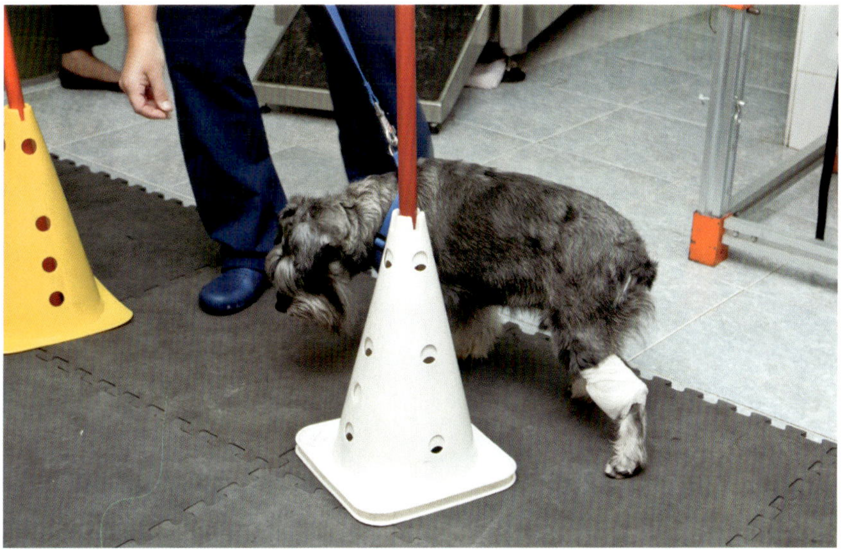

그림 14. 등-허리 추간판 탈출증을 앓고 있는 슈나우저에게 능동 운동요법 사용.

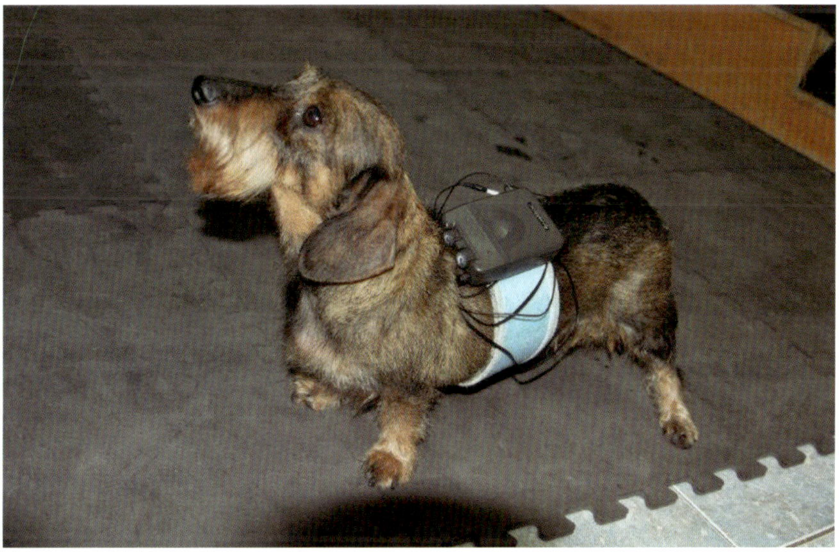

그림 15. 그림 13의 닥스훈트에게 TENS의 사용.

12

뼈관절염 반려견의 재활치료와 물리치료

Rehabilitation and physiotherapy of the patient with osteoarthritis

뼈관절염(OA)은 반려견들에게 발생하는 가장 흔한 근골격계 질환 중 하나이다(**그림 1**). 이것은 통증, 절뚝거림, 기능상실을 유발하는 관절의 만성의 진행성이고 비가역적인 퇴행성 질환이다. 중등도부터 중증의 뼈관절염을 앓는 동물들만이 임상 징후들을 보인다고 알려져 있지만, 최대 20%의 반려견과 동물은 뼈관절염으로 고통받는다. 염증 반응은 개인차가 아주 크고 반려견이 통증 및 절뚝거림의 징후들을 보이는 급성 단계와 임상 징후들이 관찰되지 않는 잠복기로 구성되어 있다.

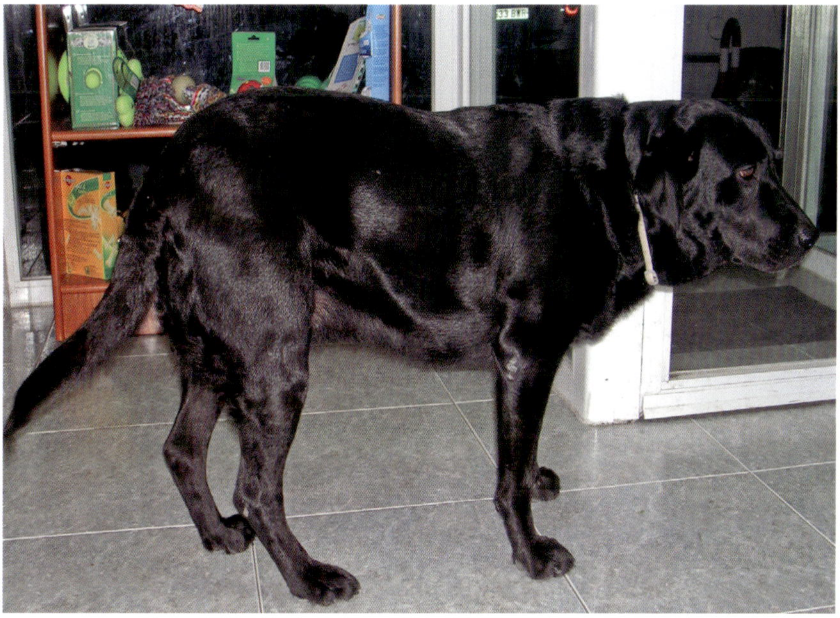

그림 1. 뼈관절염을 앓고 있는 레브라도가 서있는 모습.

보호자가 흔히 주의해야 하는 애완 동물의 행동들:

- 일어나는 것을 힘들어 한다.
- 추울 때 절뚝거림이 심해진다.
- 계단과 경사로를 오르내리는 것을 힘들어 한다.
- 이전에 비해 느리고 뻣뻣한 걸음걸이를 보인다.
- 덜 활발하다(덜 놀고, 더 잔다).

뼈관절염의 진단을 위해, 병력에 더하여, 육체적 및 정형외과적 정밀 검사가 필요하다(**그림 2와 그림 3**); 방사선 촬영, 윤활액 분석, 초음파 검사, MRI, CT 스캔과 같은 추가적인 조사들이 수행될 수 있다.

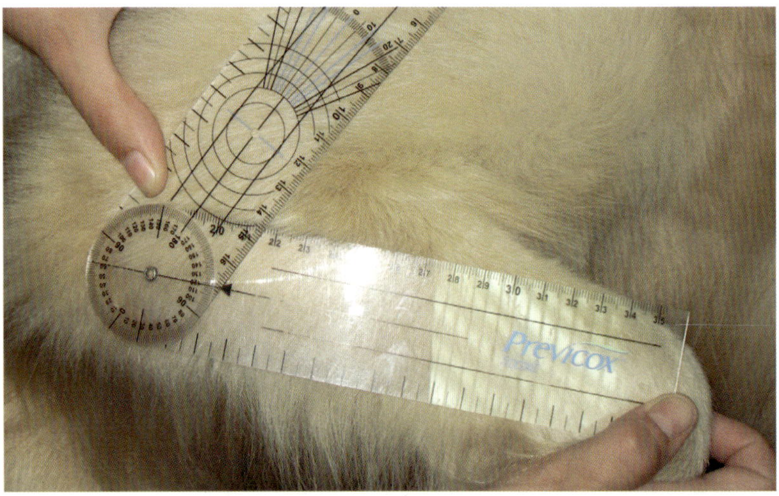

그림 2. 앞발꿈치 운동 범위 측정.

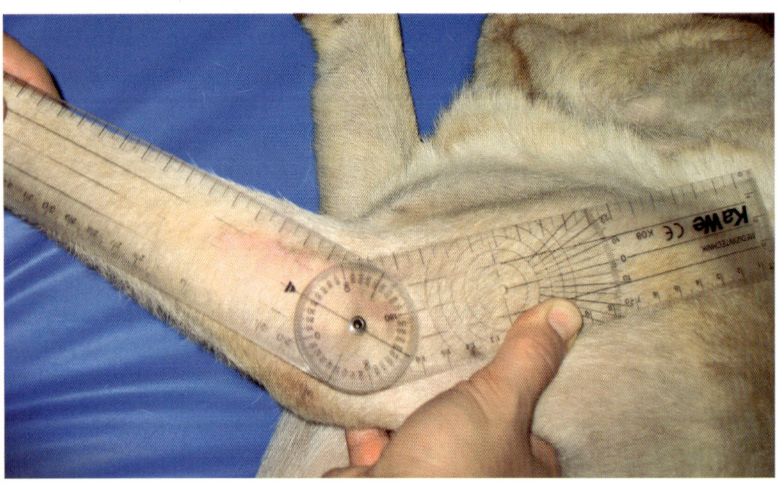

그림 3. 뼈관절염을 앓는 레브라도의 앞발꿈치 운동 범위 측정.

방사선 촬영은 수의학 분야에서 가장 흔하게 쓰이는 진단 도구이다. 뼈관절염이 어떠한 단계든지 관절에서 찾을 수 있는 방사선 사진 상 징후들은 다음과 같다(그림 4, 그림 5, 그림6):

- 관절 연골의 퇴행
- 뼈곁돌기(osteophye)의 형성
- 뼈 재형성
- 관절주위 변화들
- 윤활액 삼출

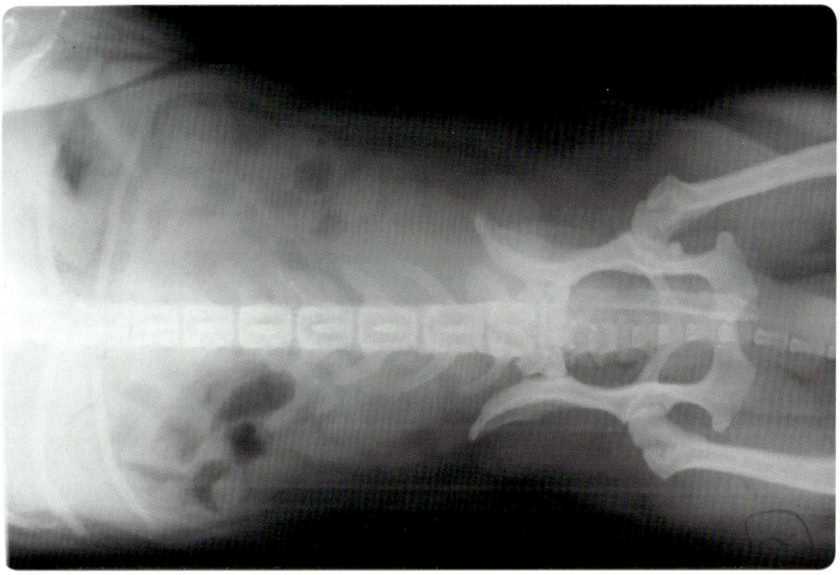

그림 4. 9살짜리 퍼그의 엉덩관절에 있는 뼈관절염을 보여주는 방사선 사진.

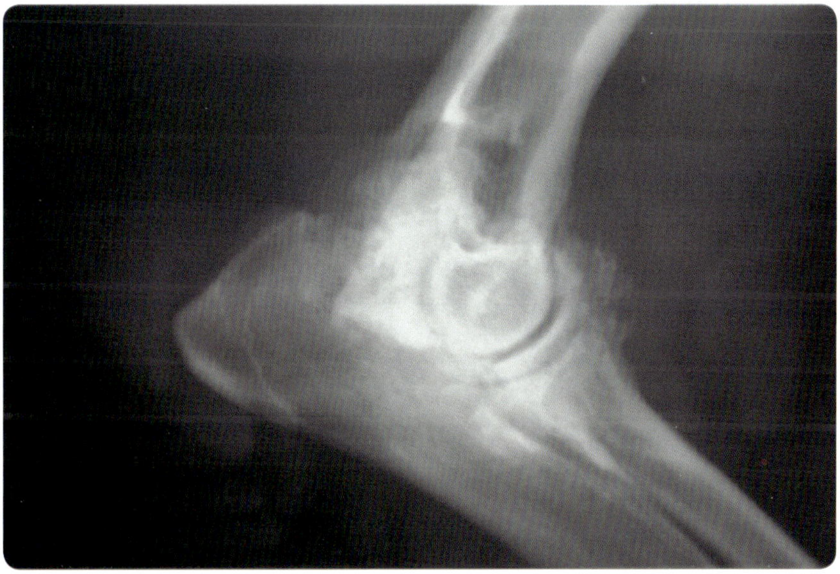

그림 5. 12살짜리 레브라도의 앞발꿈치 관절에 있는 뼈관절염을 보여주는 방사선 사진.

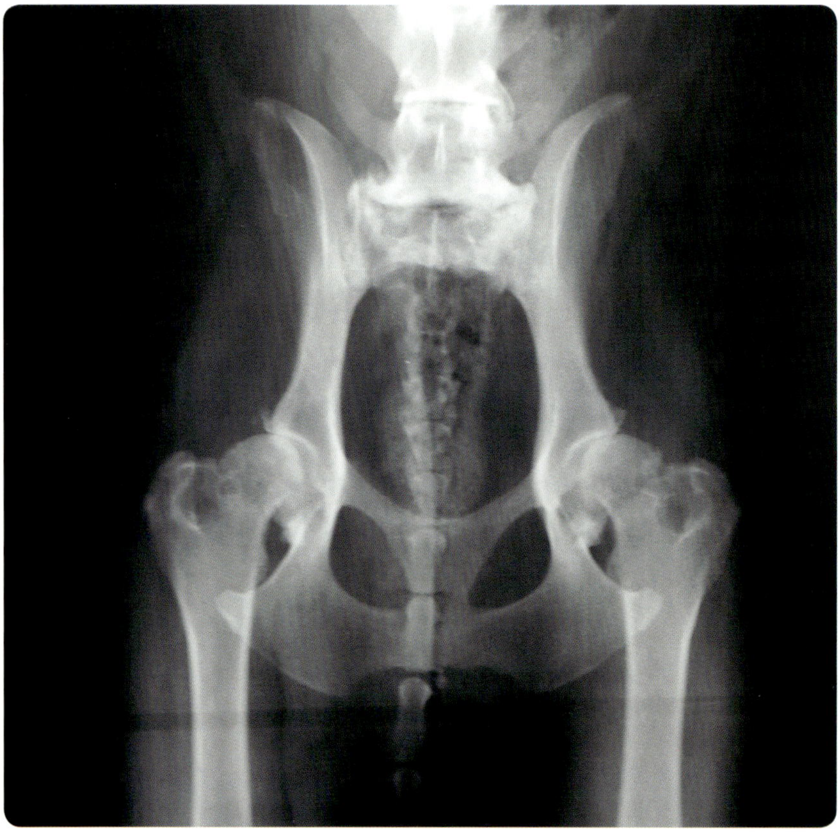

그림 6. 뼈관절염의 명백한 징후들을 보이는 엉덩관절 방사선 사진.

반려견을 치료하는 것이 중요하지 방사선 사진 상 징후들이 중요한 것이 아니다.

방사선 사진 상 징후들이 항상 임상적 중증도에 부합하지는 않는다는 것을 명심해야 한다: 심한 통증과 절뚝거림이 있는 반려견들은 방사선 사진 상 뼈관절염에 대한 가벼운 징후를 보일 수 있는 반면에, 통증이나 절뚝거림에 대한 임상적 징후들이 없는 반려견들은 방사선 사진에서 뼈관절염에 대한 심각한 징후들을 보일 수 있다. 따라서 반려견에게 초점을 맞추는 것이 중요하지, 단순히 방사선사진 상 징후들에 초점을 맞추는 것은 중요하지 않다.

뼈관절염 반려견의 재활치료 계획
Rehabilitation plan for patients with OA

뼈관절염에 대한 재활치료 계획의 성공은 반려견에 대한 정밀 검사 및 평가, 정확한 진단, 반려견의 유형과 질병 역학에 맞게 조정이 잘 된 계획에 달려 있다. 일반적으로, 장기 재활치료 계획의 목표들은 다음에 초점을 맞춰야 한다:

■ 통증 관리
■ 관절 움직임 범위의 향상 및 유지
■ 질환의 진행 둔화
■ 근골격계 질환으로 인한 보상적 변화들의 치료
■ 반려견을 위한 최대한의 기능 및 일상 생활로의 복귀 달성
■ 삶의 질 향상

질병을 성공적으로 치료하기 위해서는, 내과 치료 또는 물리치료에만 의존하기 보다는 포괄적인 계획을 세워야 한다. 뼈관절염 치료 접근법은 다음 사항들을 고려해야 한다:

1] 통증 관리
2] 체중 조절
3] 환경 및 어떠한 동반 질환 또는 합병증의 치료 조절
4] 뼈관절 질환 자체의 치료
5] 신체 활동의 회복

통증 관리 Pain control

일반적으로, 관절의 퇴행은 주로 통증으로 인해 가동성의 상실을 유발한다. 반려견은 악순환에 빠지게 된다: 통증은 움직임을 감소시키고, 감소된 움직임 때문에, 관절의 퇴행이 계속되고, 이는 더 큰 통증을 유발하고…

이 악순환은 중단되어야 한다. 약물 치료법(장기간의 firocoxib, 진통제, 근육이완제와 같은 NSAID들)과 통증을 완화시키는 물리치료(TENS 전기자극 치료법, 표층 한랭 및 온열치료, 초음파 치료, 레이저, 마사지, 등)을 결합한 다차원의 접근법이 권장된다.

체중 조절 Weight control

비만은 종종 뼈관절염 반려견들에게 추가적인 문제이다. 연구에 따르면 음식의 일일 섭취량을 25% 줄이면 수명이 연장되고 만성 질환의 임상 징후들이 나타나는 것을 늦춘다. 비만 동물들이 11-18%의 체중을 줄이면 엉덩이 뼈관절염과 관련된 절뚝거림이 크게 개선되었다. 현재 적정량의 칼로리가 배합된 노령 동물들을 위한 시판 사료들이 존재하며, 이것은 또한 반려견 건강에 필수적인 영양소들 또한 함유하고 있다. 체중 감소 및 질병의 치료를 위한 사료들 또한 존재한다.

보호자에게 체중 감소의 치료적 중요성에 대해 교육하는 것이 중요하다.

환경과 동반 질환 Environment and concomitant diseases

재활치료 계획을 시작하기 전에, 반려견에 대한, 특히 노령 동물들의 경우, 철저한 검사가 필요하다. 신경 및 근육에 대한 영향이 있는 동반 질환의 존재는 임상 징후들과 뼈관절염의 일반적 징후들(갑상선 기능 저하증, 당뇨 등)을 악화시킨다. 권장되는 기본 조사에는 혈액 검사, 소변 검사, ECG, 방사선 촬영 또는 초음파 검사가 포함된다. 다른 질병의 유무가 확인되면, 계획의 성공적인 결과를 확실히 보일 수 있게 적절한 치료가 처방될 수 있다.

뼈관절염 반려견들은 신체적 장애가 있으며 정상적인 삶을 살 수 없도록 하는 모든 장애물들을 제거해야 하고, 일상 생활이 보다 쉽도록 환경을 조정해야 한다.

동물이 바닥에서 자는 것을 막고, 발열원 근처 또는 고정으로 인해 발생된 경직을 감소하는데 도움이 되는 온도(담요 또는 유사한 것으로 반려견을 따뜻하게 하는 방법도 있다)에 지내기 하기 위해 편안하고(폭신한) 침구를 제공해야 한다. 차에 올라타고 내릴 때를 위해 경사로를 제공해야 하며, 계단을 오르는 것은 최소한으로 줄여야 한다. 특정한 경우에는, 반려견이 걷는 것을 도와주기 위해 슬링이 필요할 수 있다.

뼈관절 질환의 치료 Treatment of osteoarticular disease

이 주제에 대한 논쟁이 있지만, 현재 뼈관절염 반려견을 위해 반려견의 기능 회복을 돕는 다양한 보충제와 기능 식품들이 시장에 있다. 제품에는 글루코사민과 콘드로이친 황산염, 히알루론산, 오메가3 필수 지방산이 있으며, 특히 EPA(eicosanpentaenoic acid)는 항염증 속성이 있고 뼈관절염의 진행을 둔화시킨다.

특정 반려견들에게는, 관절의 기능 개선(예: 엉덩관절 또는 앞발꿈치 형성 이상), 임상적 호전과 재활치료 계획의 성공적인 결과를 얻기 위해 외과 치료가 필요할 수 있다.

물리치료 Physiotherapy

물리치료(전기 자극 치료법, 초음파 치료, 표층 온열 또는 한랭치료)와 운동요법(저충격 운동치료들)을 병용하면 뼈관절염 반려견의 호전에 도움이 된다.

주요 목표들은 통증 관리, 체중 감소, 관절 가동성 증가, 근육량 증가, 관절 연골의 신진 대사 촉진이다.

운동을 강제하면 안된다; 운동은 반려견의 상태에 맞춰야 한다. 운동 요법의 한 세션이 끝난 후, 반려견이 이전보다 심한 통증을 보이면, 활동량을 50% 줄여야 한다. 재활치료 계획을 시작할 때, 1시간짜리 세션 하나보다는 20분짜리 세션 3개를 사용하는 것이 낫다. 재활치료 계획이 무사히 수행되면, 활동량을 매주 20%씩 증가시켜야 한다. 운동을 증가시킬 때 NSAID들은 운동에 대한 인내력 초과를 감출 수 있으므로, 투여하지 않는 것을 권장한다.

뼈관절염 반려견에 대한 물리치료
Physical therapies for patients with OA

뼈관절염 반려견들에 사용되는 물리치료들은 목표에 따라 분류될 수 있다:

1] 통증 관리: TENS, 단파, 초음파 검사, 온열/한랭치료 등.

2] 조직과 관절의 가동성 회복: 운동요법, 마사지, 스트레칭.

3] 보상적 근골격계 변화들의 치료: 마사지, 스트레칭, 초음파 검사, 단파 등.

뼈관절염 재활치료 계획의 모델
Model of an OA rehabilitation plan

다음은 뼈관절염 반려견의 재활치료 계획을 위해 제안된 모델이다. 시간들은 근사치이고 반려견의 상황에 따라 달라진다:

1] 준비운동: 10분. 이것은 혈액 순환을 촉진하고, 조직들 및 콜라겐의 유연성을 향상시키며, 통증, 근연축, 관절 경직을 완화시킨다. 마사지, 표층 온열치료, 초음파 치료를 통해 수행할 수 있다. 관절에 부종과 염증이 있는 경우에는 하지 않는다.

2] TENS(전기 자극 치료법): 필요한 경우, 이것은 통증을 완화하고 체중을 지지하는 것을 쉽게 하기 위해 사용한다(**그림 7**). 심근병증과 신장병증이 있는 경우에는 사용하지 않는다.

3] 낮은 레벨의 심혈관 운동들: 목줄의 인도를 따라 통제된 걷기, 트레드밀 위에서 걷기, 수 치료법(**그림 8과 그림 9**), 장애물 넘기 등. 세션들은 되도록 운동의 정지가 적어야 한다. 동물의 신체 상태 호전에 따라, 경사면, 계단, 장애물을 추가하여 세션을 복잡하게 만들 수 있다(20분).

4] 정리운동: 10분. 걷는 속도를 늦추고 마사지와 스트레칭을 실시한다.

5] 표층 한랭치료: 필요한 경우, 운동 후 염증을 완화시키기 위해 가장 많이 사용된 관절들에 사용한다.

그림 7. 통증 치료를 위한 간섭 전류 전기 자극 치료법의 사용.

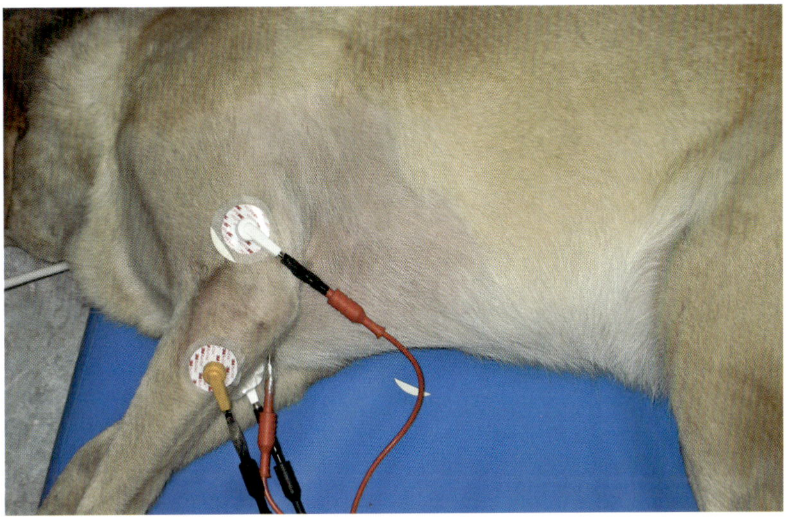

그림 8. 3살짜리 저먼 셰퍼드의 오른쪽 앞발꿈치 뼈관절염 치료를 위한 수 치료법.

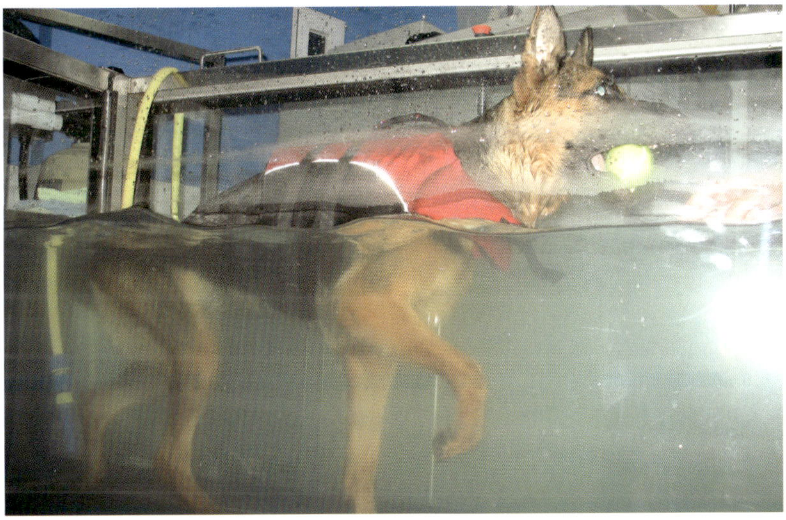

그림 9. 보조 수 치료법 세션.

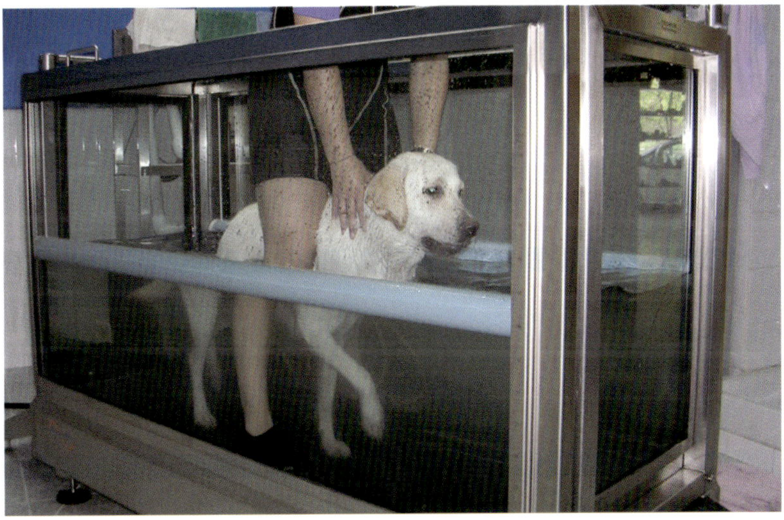